哟！大自然超有趣

Cool Nature

[英]艾米·简·比尔 著
[英]达米恩·维西尔 绘
林洁盈 译

云南出版集团
云南美术出版社

目录

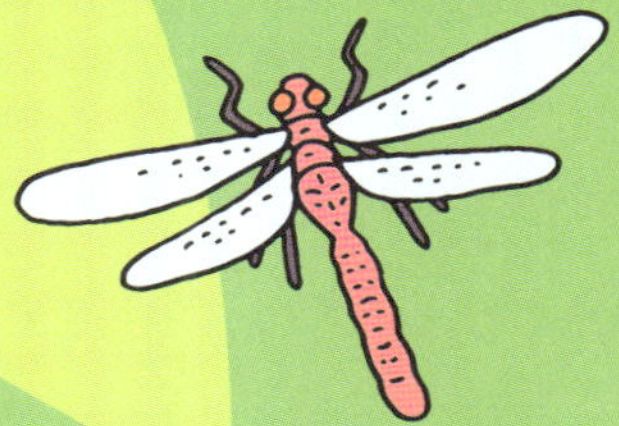

欢迎来到《嘭！大自然超有趣》

你好，很高兴在这里遇见你。现在的你，正读着这页书、这段文字，这其实是件很神奇的事，对吧？不仅因为你读这本书挺酷的，更因为你存在于这个世界上。你、你的家庭、朋友和认识的人，以及宠物等等，更别说那些和我们一起生活在地球上的其他数十亿生物。我们都是一连串非比寻常的事件、巧合和意外结合而成的结果。试着想想，相撞的太空碎片、行星轨道、随机化学反应造成的生命奇迹、全凭运气还可能致命的基因突变、自然选择，以及你的每一个直系祖先在成功几率极低的情况下能够繁衍出下一代，最后才促成你的存在，并让你有足够锐利的视觉，可以辨识出书页上各种色素反射出来的细微电磁辐射差异，也让你的大脑能够将图像分解成文字，并将文字和概念连接，在你的脑海中形成观念，如此一来，我只要输入“花”这个字，就能让你联想到植物的繁殖器官。懂了吗？既然提到花，让我们来看看，花到底是个多酷的东西！花这种器官的设计，完全就是为了说服对它有感觉能力的动物，让这些动物担任媒介，在同种植物的不同个体之间传递遗传物质。大自然真是酷毙了！

我是个生物学家，专门研究各种有生命的东西，不过硬要把科学领域的界线划分出来，其实是没什么意义的。事实上，各学问之间的交集重叠，以及中间的三不管地带，往往能孕育出最有独创性也最让人兴奋的发展。所以说，来点化学，来点地质学，再加上一些物理学、一点天文学，这单子可以一直列下去，甚至可以再加点数学。我们可以在这些学问里找到大自然，它们也都是大自然的一部分，即使没有我们，它们一样会存在。就让我们从这个让人兴奋的发现，开始进入这本书的世界吧！

仔细观察大自然，你将会对万物有更深刻的了解。

——阿尔伯特 • 爱因斯坦

大事记

46亿年前 地球诞生

35亿年前 单细胞生物出现

30亿年前 早期植物开始进行光合作用，并将氧气释放到大气层中

10亿年前 多细胞生物演化出现

6亿年前 最早的动物出现

4.72亿年前 陆生植物出现

3.6亿年前 最早的两栖类动物出现

2.4亿年前 最早的哺乳类动物出现

2亿年—6500万年前 恐龙时代

1.8亿年前 泛大陆开始分裂

240万年前 早期人类开始在非洲地区制造石器

25万年前 解剖学意义上的现代人（即晚期智人）出现

2万年前 人类发明可产生动力的武器并用它们来打猎，例如投枪器和鱼叉

1万年前 狗被驯化

1万年前 最后一次冰河期结束

9000年前 绵羊与山羊被驯化

8000年前 人类开始种植农作物如马铃薯、豆类和米等

7000年前 人类开始种植小麦、亚麻与玉米

公元前350年 希腊哲学家亚里士多德开始替500种动物进行生物学分类

公元前300年 亚里士多德的学生提奥夫拉斯图斯开始研究植物并进行分类

公元前50年 老普林尼撰写《自然史》，全书共37卷，集结了当时的动物学、地理学与天文学知识

1543年 尼古拉·哥白尼发表日心说（指太阳系的中心是太阳而非地球）

1627年 现代家牛的野生祖先原牛灭绝

1665年 罗伯特·胡克发现细胞

1667年 约翰·雷将开花植物分成单子叶植物与双子叶植物

1673年 安东尼·列文虎克展示他的新发明——显微镜

1677年 安东尼·列文虎克发现原生生物

1687年　艾萨克·牛顿确立了三大运动定律与万有引力定律

1735年　卡尔·冯·林奈发表著作《自然系统》，提出今天仍在使用的生物分类系统

1741年　人类发现大海牛（一种大型海牛），并在27年内将它们猎捕至绝种

1742年　安德斯·摄尔修斯发明摄氏温度系统

1749年　布丰将生物物种定义为一群可以交配并生育出具有繁殖能力后代的生物

1779年　布丰伯爵推测，地球的年龄可能比《圣经》所载的6000年还要早

1785年　詹姆斯·哈顿发表《地球理论》，解释地质变化如何在长时间内缓慢发生

1809年　让-巴蒂斯特·拉马克提出获得性遗传的演化理论

1815年　威廉·史密斯开始用化石来确定地层顺序

1822年　吉迪恩·曼特尔发现禽龙化石——人类发现的第一种恐龙

1830年　查尔斯·莱尔发表《地质学原理》

1835年　查尔斯·达尔文搭乘“小猎犬号”前往加拉帕哥斯群岛

1842年　理查德·欧文提出“恐龙”的术语，用以描述一组大型爬行动物化石

1859年　达尔文与阿尔弗雷德·拉塞尔·华莱士以“自然选择”来描述演化理论。达尔文发表《物种起源》

1860年　格雷戈尔·孟德尔通过一系列豌豆杂交实验发现了遗传定律

1890年　阿瑟·霍尔姆斯利用放射性衰变的原理测定出地球年龄为46亿年

1912年　阿尔弗雷德·魏格纳提出大陆漂移说

1925年　美国田纳西州教师约翰·斯科普斯因讲授进化论而遭到起诉

1936年　世界已知的最后一只袋狼死于澳大利亚塔斯马尼亚的动物园

1953年　詹姆斯·沃森与弗朗西斯·克里克描述DNA结构

1960年　珍·古道尔发现黑猩猩会使用工具，在此之前一般认为只有人类才具有使用工具的能力

1962年　蕾切尔·卡逊出版《寂静的春天》，提高民众对人造化学物质造成环境损害的认识

1977年　太平洋深海发现海底热泉与周围的惊人生物群落

地球的里里外外

我们亲爱的地球，是太阳系里的第三颗行星，也是人类已知唯一能够维持生命的星球。然而，地球上的生命其实只占据了整个地球的薄薄一层，那比例就如李子和李子表面的那层白霜。那么，地球其余的部分到底是什么样子的呢？

地表之下

你有没有想过，往下挖也许能挖出一个通往澳大利亚的地洞？好吧，这是不可能的，因为除了距离达12700千米以外，还得穿过熔岩与温度非常高的放射性金属。知道这些以后，你就不会异想天开了吧？然而，你有没有想过，人类到底从地表往下挖了多深呢？即使使用最强大的采矿技术，人类到目前为止也就只能挖到12千米深的地方，这大概是地球直径的0.1%，只是勉强在地球表面戳了个针孔而已。

地心旅行

幸运的是，即使人类永远无法接近地球的中心，还是可以通过其他方式来了解地球的组成。地球是个巨大的磁铁，由此可知，地球上显然存在着大量的铁。地球是个磁铁，对我们来说是非常幸运的一件事，因为磁场会造成太阳风偏斜——太阳风是从太阳不断涌出的带电粒子流。

地球内部各层的深度，是根据地震波反射与折射的方式来计算的——这就好比其他固体材质的特性，可以借由它们反射或偏转光波或X射线的方式来推断。

地球的结构就好比是苏格兰蛋，最外面有一层薄薄的面包屑（地壳），接着是一层厚厚的香肠肉（地幔）与蛋白（外核），然后是中央的蛋黄（内核）。

内核由铁和镍构成，非常致密，1立方米重达13吨——重量约为岩石的4倍。它的形式可以是结晶固体或具有固体性质的等离子体——无论何种形式，它的温度都高达约5500℃。

外壳和内核由相同的金属组成，不过是以液态熔融的状态存在。

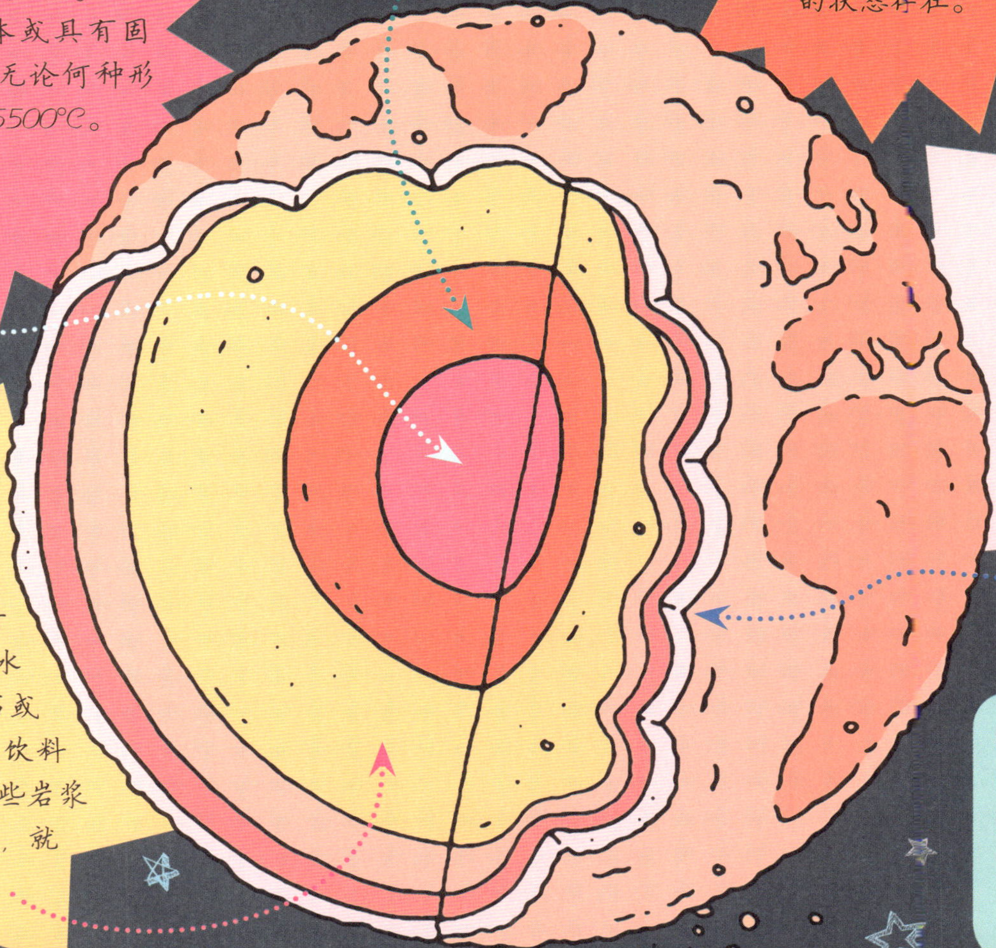

地球的最表面是厚度至多60千米的地壳，它其实更像一层薄薄的蛋壳。这个脆弱的外层会不断地破裂和愈合。

地幔是最厚的一层，由固态但具有延展性的岩石构成，可以随着时间推移缓慢流动，就像冰一样。小块小块的熔化岩石或岩浆会穿过地幔，像气泡饮料中的气泡一样地膨胀，这些岩浆有时会从地壳缝隙涌出，就是所谓的熔岩。

地球是目前已知唯一具有板块构造的行星。（详见第18页）

地质学超给力！

地质学家按岩石形成的方式，将岩石分成三大类。更细微的区分则以外观、质地和化学组成的差异为依据。

火成岩

熔化的岩石（岩浆）冷却以后就会形成火成岩。这种冷却过程可以很快，如岩浆从地壳开口处以熔岩的形式涌出后快速冷却；也可以很慢，如在地表深处缓慢冷却的岩浆。非常快速冷却的熔岩会变得跟玻璃一样。另一方面，在火成岩冷却的过程中，有时候会有气泡被困在里面，导致火成岩看起来就像是坑坑洞洞的瑞士干酪。玄武岩是一种火成岩，全世界的海洋下方几乎都有玄武岩的存在，这让它成为地球上最丰富的岩石。火成岩也可见于月球和火星，是古代火山活动的特征。

沉积岩

沉积岩是物质（沉积物）在海床或湖底逐渐累积而成的，常含有化石。白垩是一种由史前微生物遗骸构成的沉积岩，主要成分是被称为颗石藻的藻类。活着的时候，每个颗石藻都被包裹在一层薄薄的方解石外壳里。利用高倍显微镜观察压碎的白垩采样，仍然可以辨识出这些外壳。

变质岩

变质岩曾在地壳深处受到高温高压的作用。一些所谓的叶理变质岩具有层状外观，里面通常有不同颜色的色带交替出现。板岩是一种变质岩，它是在页岩（一种沉积岩）受到极端高温与高压作用后形成的。板岩保留了页岩的层状结构——这让它容易被分割成大块片状，适合用作屋面瓦或地板材料。

岩石循环

自然界没有永恒——包括岩石在内。任何种类的岩石，最后都会转换成另一种形式——变质岩卵石会逐渐被磨蚀成沙，然后成为沉积地层的组成元素，而火成岩则会被推入地壳深处，转化成变质岩。

岩石的识别

要辨识岩石种类的时候，你应该寻找各种不同的线索，例如颗粒、气泡、化石、结晶、纹理、层次、色带或色调等。硬度是很重要的特质——例如，你能用手指甲或硬币在岩石上面划出痕迹吗?

北爱尔兰巨人堤道由柱状玄武岩构成，它是古代火山喷发后熔岩迅速冷却凝固的结果，（可惜）并非传说中巨人芬·麦库尔动手打造的成果。冷却导致收缩，继而产生有规律的垂直裂纹网状物。石柱通常呈六角形，不过也有其他形状。

化石真迷人

我们关于史前时期与进化的许多知识都是拜化石所赐——化石是被保存下来的动植物遗骸，这些动植物生存在距今1万年—35亿年前。

经过时间沉淀的好东西

目前已知最古老的化石是肉眼看不见的微小细胞丝状体，让人几乎认不出是生命。它们是所谓的蓝细菌，种类繁多，至今仍在地球上繁衍生息——它们又被称为蓝绿藻。

保存得好不好？

一般来说，古代动植物的坚硬部分如骨头、牙齿、壳与木头等，才能形成化石。软组织或半软组织比较可能在被保存下来以前腐烂，因此更为稀少，然而，偶尔还是会有保存度绝佳的软组织化石出土，例如羽毛、皮肤、内脏与肠溶物。

最佳的化石化过程，发生在古老生物体能迅速且完全被质地细致的材质（如淤泥）吞没时。材质质地越细致，保存的效果可能会更好。

距今4.54亿—5.2亿年前，史前大陆劳伦古陆的泥石流，导致世界上最著名的化石遗址之一的形成，这里指的是位于加拿大落基山脉的伯吉斯页岩。这个地层含有成千上万的软体动物化石，大大改变了我们对史前生命多样性的认识。

黏糊糊

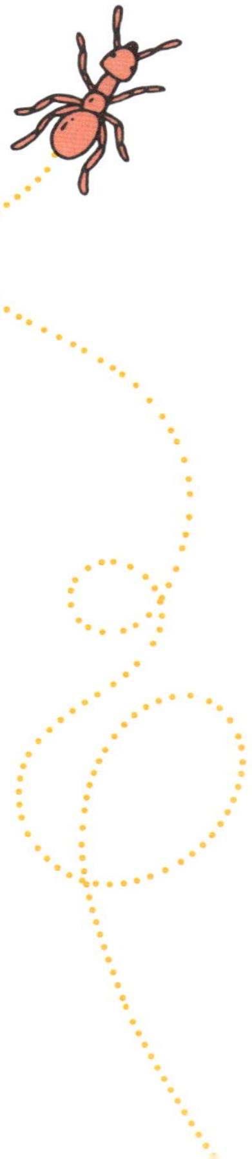

小规模来说，当昆虫等小动物被困在黏稠的树液中，甚至能更完美地保存下来，这些树液硬化之后会形成琥珀。以这种方式保存的化石，样貌和它们死去的那天差不多，时间至多可回溯到1.5亿年前。

寻寻觅觅

英国各地都有许多相当棒的化石淘宝区，你可以翻阅旅行指南或参考网站，就近寻找。海滩和采石场通常是不错的选择，不过你应该先考察一下场地的状况——有些地方被指定为具有特殊科学价值的地点，受英国法律保护规管，不能采集。另外，也请记得查询潮汐时间，并确保自己有能进入采石场的许可。假使计划花时间在悬崖底部淘宝，则应考虑穿戴防护安全帽。

你不需要准备特别的工具——许多化石只要翻开岩石块就可以找到。你也可以用一把小锤子，沿着岩石的自然断裂面将岩石凿开，不过你会需要一些专业知识，才能判断应该凿开哪几块岩石。化石猎人有一套行为守则，要求你不要糟蹋东西，破坏别人的乐趣——因此如果你在岩层里找到一块大型化石，请不要试着把它打开。

你知道吗？

痕迹化石实际上是并不包括生物身体的一部分的化石形式——例如恐龙或古代人类令人毛骨悚然的足迹、保存下来的巢或潜穴，以及粪便。化石粪便有专门的科学名称——叫作粪石。

恐龙！

任何一个四岁小朋友都会跟你说，恐龙超酷的，这些爬行动物曾经是地球的霸主，称霸地球的时间长达1.35亿年——这个时间长度是人类的100倍。

恐龙包括曾经在陆地上生存的最大型动物（不过不是曾经出现在地球上的最大型动物——已知在地球上生存过体型最大的动物是蓝鲸这种现代物种）。然而，恐龙并不全都是大型动物——许多恐龙体积其实相当小，例如美颌龙和莱索托龙，都只有成鸡或小鹅的大小。

恐龙形形色色，有些恐龙适应的生活方式，和今天的鸟类与陆栖哺乳动物一样——有草食恐龙、猎食性恐龙、食腐恐龙与杂食性恐龙。恐龙可以是独来独往的独行侠，也可以是成群结队活动的群居动物，体型也有大有小。

它们哪去了？

大部分恐龙都在大灭绝中消失了，那次生物灭绝可能是由6500万年前白垩纪末期的陨石撞击触发的。从生物灭绝中幸存的少数恐龙，后来继续演化成现今最成功的动物群体之一，也就是鸟类。

剑龙身上特色十足的骨板，可能具有展示与调节温度的功能——作用就如散热器的散热片。

目前已知体型最大的恐龙是阿根廷龙，据估计，它的体长可达40米，体重可达50吨。

霸王龙是一种非常成功的超级掠食者。这种动物的化石分布范围非常广，这说明它是到白垩纪末期才灭绝的非鸟类恐龙之一。

不是恐龙的大型爬虫类

在恐龙生活的时期，还有其他三类大型爬虫类，常常被误以为是恐龙：具有飞行能力的翼龙，以及在海中生活的鱼龙与蛇颈龙。事实上，这三大类动物都有不同于恐龙谱系的起源。

你比一亿年前的恐龙还聪明吗？

所以，恐龙已经存在很久了，不过它们真的那么聪明吗？答案几乎是否定的。电影《侏罗纪公园》里恶名昭彰的迅猛龙具有解决问题的能力，不过真正的迅猛龙其实只比人类膝盖略高一点，体重约相当于一个装满的小购物袋，可能也不怎么聪明。此外，迅猛龙还有羽毛。电影中迅猛龙的外观与行为，其实比较像是另一种被称为恐爪龙的恐龙，其体重可达75千克，事实上也可能有成群猎食的行为。如果大脑容量是聪明与否的指标，那么最聪明的恐龙可能是外形与众不同的伤齿龙，它的大脑-身体比例与现代鸟类相当。

猛烈的火山

火山出现在地球的地壳裂开的地方，岩浆（熔融的岩石）、火山灰、热气和其他物质会由此处喷射出来，有时候会造成大规模的破坏。

火山活动通常发生在板块运动（详见第18页）碰撞或分离的边界，不过它们也可能出现在板块中间，岩浆会沿着所谓的地幔热柱，从地壳深处喷发而出。

火山要喷发了！

在过去一万年间曾经爆发的火山，被称为活火山。按这个定义来说，地球上约有1500座活火山。在这些活火山之中，大约500座的爆发纪录曾经被人类记录下来。目前正在喷发的火山约有40或50座，其余则有100多座有小规模的喷发或活动迹象。

喷发活动可以按照火山爆发指数来判定强烈程度，这个指数所依据的参数包括喷发物的体积、持续喷发的时间、烟羽高度等，它就如矩震级（详见第21页），是一种对数标度，因此每增加一级，表示严重程度增加十倍。

你知道吗？

火山爆发时喷射出来的物质被称为火山喷发碎屑。这个专有名词指搁置在地面上，没有成为新岩层的那部分碎片。

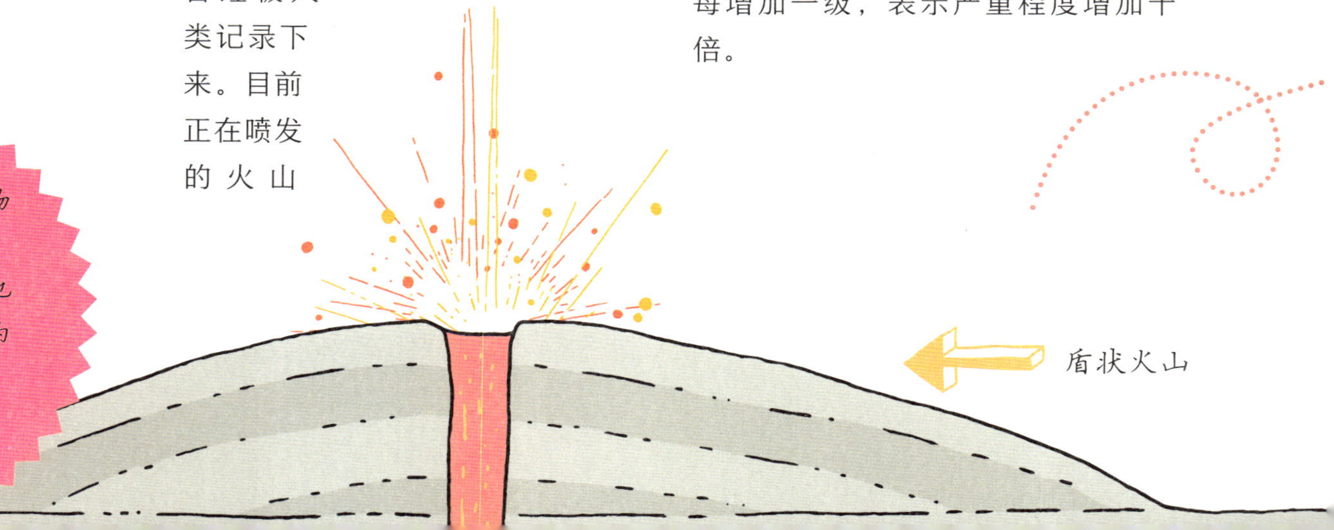

火山爆发指数

0级　喷溢式爆发，持续发生。

1级　温和缓慢，每天发生。

2级　爆发性的，每周发生。

3级　灾难性的，每几个月发生。

4级　巨变性的，（平均）每年发生。

5级　突发性的，（平均）每十年或更久。

6级　浩劫性的，（平均）每百年或更久。

7级　超级浩劫性的，（平均）每千年或更久。

8级　毁灭性的，（平均）每一万年或更久。*

*上一次8级喷发于26500年前出现在新西兰的陶波山。

著名的火山爆发

印尼多巴火山，公元前77000—前69000年；8级。导致长达10年的火山冬天，或许可以用来解释人类进化的基因瓶颈，当时的全球人口数曾经下降到3000—10000人左右。

意大利维苏威火山，公元79年；5级。按作家小普林尼的记录，该次喷发造成庞贝城与赫库兰尼姆的毁灭。

印尼塔姆波拉火山，公元1815年；7级。巨大的喷发柱造成地球温度下降，影响持续了一年多，这让喷发隔年被称为“没有夏天的一年”。爆发事件导致农作物歉收，流行病爆发。

印尼喀拉喀托火山，公元1883年；6级。火山爆发释放的火山灰以及引发的海啸，直接造成36417人丧生，持续性的气候效应长达5年。

美国圣海伦火山，公元1980年；5级。造成有史以来最大规模的滑坡与泥石流，喷发的火山灰范围遍及11州。

冰岛艾雅法拉火山，公元2010年；4级。火山灰导致欧洲领空完全关闭，10万航班取消，受影响的旅客人数高达1000万人——这是第二次世界大战以后对空中旅行影响最大的事件。

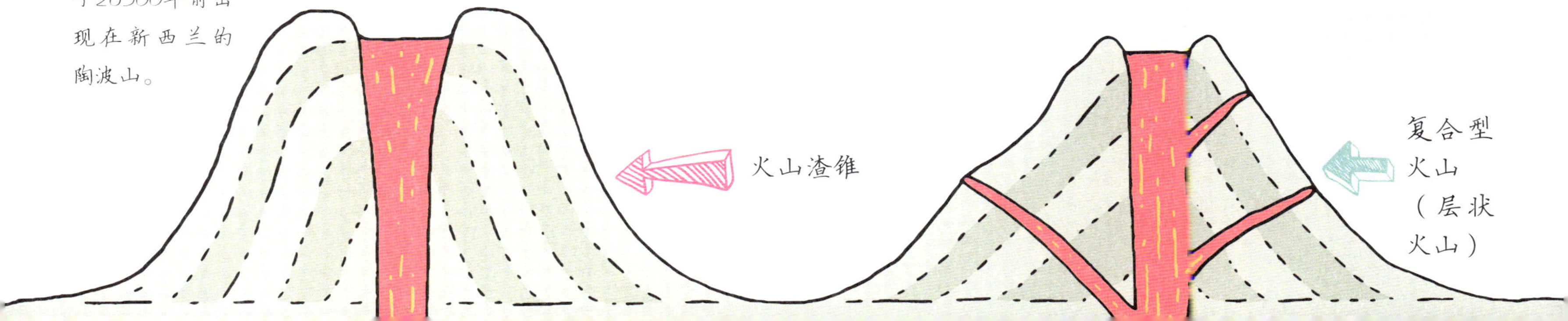

实验

厨房里的“火山”

所有东西都准备好了吗?

这个爆炸性的趣味厨房科学实验相当有取悦于人的效果——实验反应没有危险性，只是会搞得一团糟，所以在进行的时候最好把抛光或木质表面盖起来，并在旁边准备好抹布！

你会需要

* 一只深盘或大碗，以及一条毛巾（以随时清理）
* 一只空的塑胶牛奶瓶
* 倒液体用的壶
* 橡皮泥或塑像用黏土（将三份面粉、一份食盐、一份咖啡渣与一份游戏沙，加一点水混合做成稍硬但容易被压扁的面团，把它做成山的模样，也可以产生很有说服力的效果）

“熔岩”的材料

* 200毫升温水
* 洗洁精
* 小苏打（注意，小苏打和发酵粉不一样，不过你可以在超市的烘焙区找到）
* 食用色素（随意选择）
* 100毫升白醋（选便宜的就好）

喷发倒计时!

洗洁精　白醋　小苏打

1. 将空牛奶瓶打开，放在深盘上，再把面团包在空瓶周围，做出火山的样子，瓶口为火山口。
2. 将温水倒入瓶中（温水的热度有助于反应），然后挤点洗洁精进去，再加入一大匙小苏打。
3. 用另外一只壶，倒入白醋和少许食用色素。

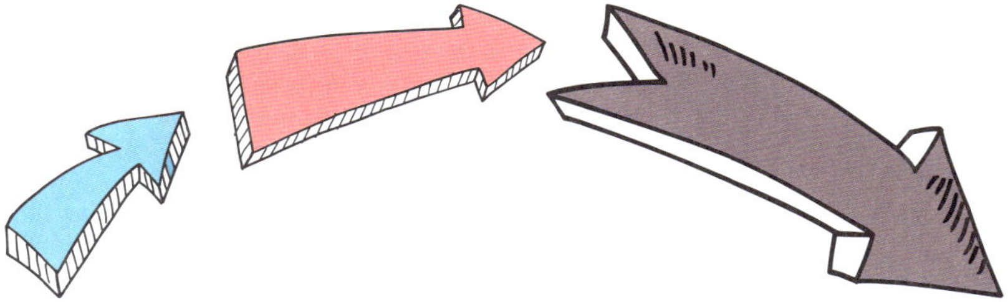

④ 将壶里的白醋全部倒入你的“火山”里，便可欣赏“火山爆发”的情景……

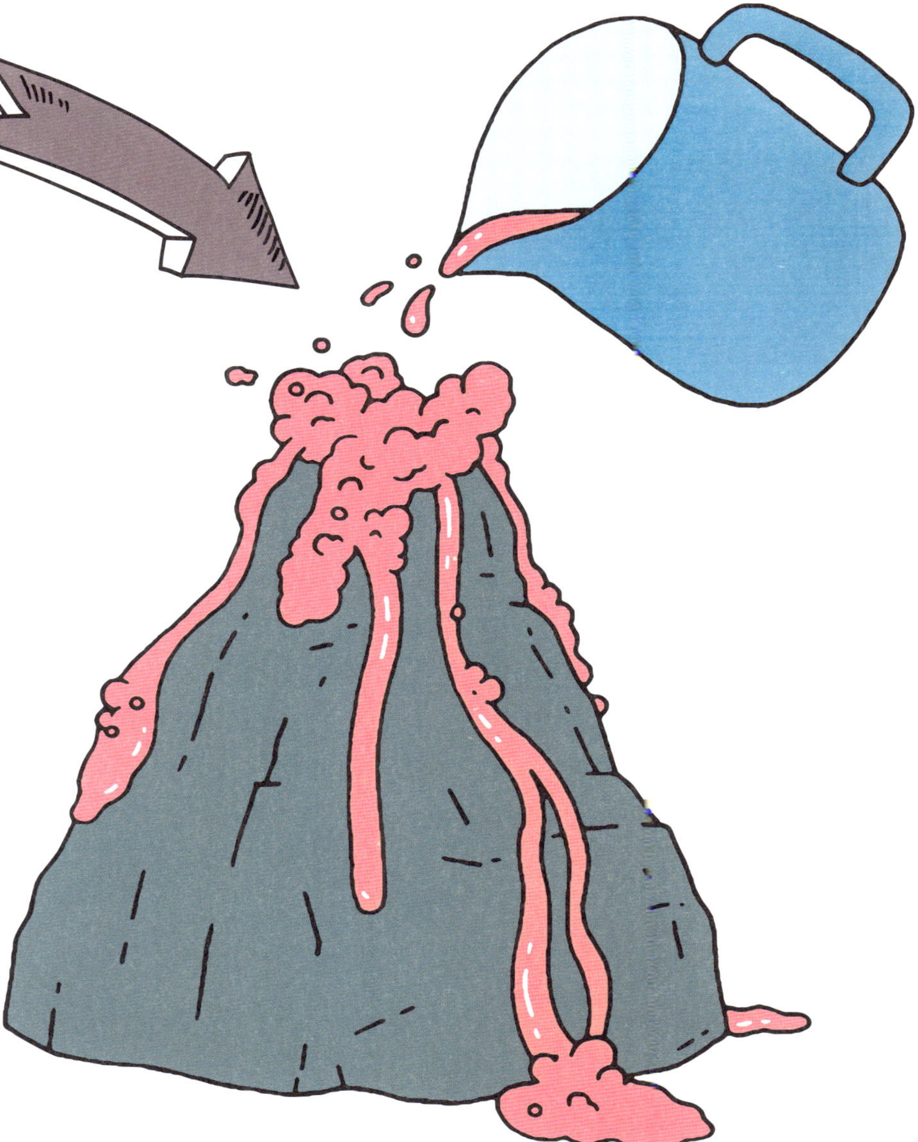

这到底是怎么产生作用的？

基本上，你就是把一种酸（这里是醋酸——白醋）和一种碱（小苏打）混合。两者加在一起会产生反应，制造碳酸，而碳酸会快速地转化成水和二氧化碳气体，二氧化碳逸入空气中的时候会起泡并发出嘶嘶声。最终成果并没有危险性，不过若不小心让白醋溅入眼睛，会有刺痛感，因此孩子们进行实验时，请就近监督。

令人赞叹的山岳

山岳是极端之地——曾经被认为是荒凉险恶的地方，不过到了现在，则因为它们引人注目的美与野生动物价值而受人赞赏，或者被当成大型的自然冒险游乐场。

酷知识

其他星球也有山岳。火星的奥林帕斯山高达21171米，高度为珠穆朗玛峰的两倍。

山岳是由火山活动或地壳板块逐渐碰撞而形成的，板块运动会让地质褶皱区显露出来。然而，世界上并没有哪座山是永恒存在的——经过几百万年的时间，山岳会因为侵蚀作用而变得越来越平缓、平坦。

山丘什么时候会变成山岳？

这其实是相对的。一般来说，如果一座山峰与周围地形景观的差异很大，形状能清楚显现，和周围地形之间有一定程度的上坡与下坡，就会被归类成山岳——不过确切的分类条件按国家而有不同。在英国，高度超过600米的山峰通常被视为山岳，不过同样的高度到了喜马拉雅山脉，大概只能勉强被视为丘陵。

高山生活

山区生活大不易，不只因为气温较低且食物匮乏，也因为空气较稀薄，每吸一口气吸入的氧分子较少（以氮气为主的其他气体也较少）。尽管如此，许多野生动植物都已经适应了这些挑战。

山的结构

高山生物

＊喜马拉雅跳蛛生活在珠穆朗玛峰的山侧，活动范围最高可到海拔6700米的地方，被认为是世界上生活在海拔最高处的动物。

＊目前已知黄嘴山鸦可以在海拔6500米以上的地方筑巢，能飞到珠穆朗玛峰山顶海拔8000米处，在登山探险队的垃圾中寻找食物。

＊牦牛可以到海拔6100米处吃草。

＊在安第斯山脉，龙鳞木在海拔4500米处形成世界上最高的森林。

＊分布范围最高的植物可能是一种小苔藓，出现在喜马拉雅山海拔6490米的地方。

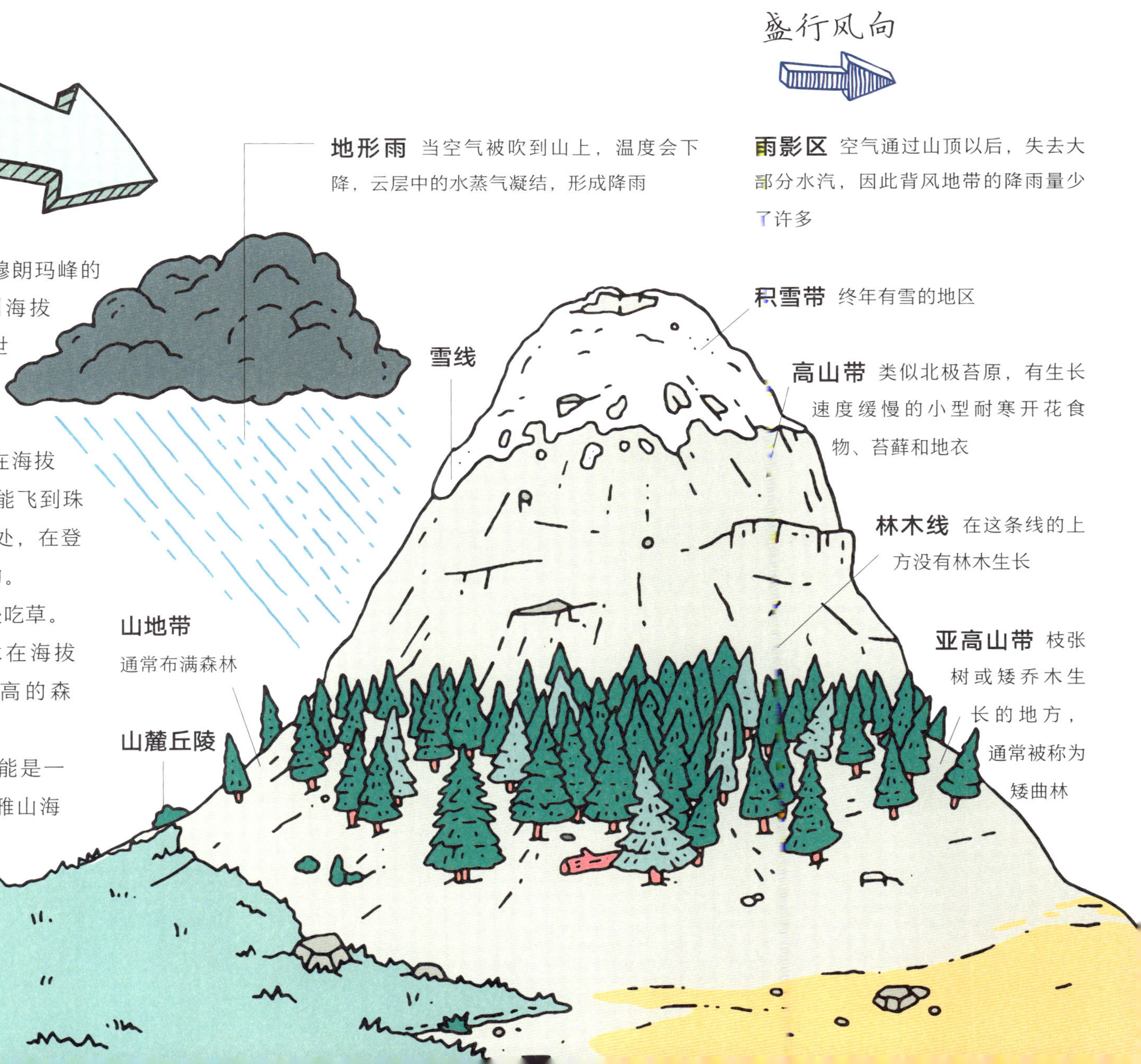

板块上的地球

看着世界地图，辨认出地球上各个大陆的形状，是相对简单的一件事。然而，弄清楚各个大陆可能是怎么移动的，却是二十世纪最重要的科学论战之一。

你了解漂移是什么了吗？

大陆漂移的概念——指大陆正在逐渐移动——自从地图首次揭示非洲西部与南美洲东部的形状刚好互补以来，就一直存在，后来更因为大西洋两岸的地质相似性与一致的化石纪录而更具说服力。然而，许多地质家之所以难以接受这个概念，是因为没有人能够解释大陆漂移到底是怎么发生的。毕竟，地球的地壳看起来很稳固，而且海洋底下的岩石（玄武岩）比构成各大陆的岩石（花岗岩）致密许多。

大陆漂移到底怎么发生的

地球的地壳有两层，岩石圈是固体的表面层，实际上漂浮在一层名为软流圈的熔融岩石上。岩石圈并不是一块坚固的壳，而是像板块拼图。有些板块的边缘有熔岩从下方冒出来，造成板块增长。大部分板块边缘都潜藏在形成海洋的中洋脊下方。

砰砰砰

此外还有所谓的潜没带，一板块会滑到另一板块的下方（通常是致密的海底板块滑到漂浮的大陆板块下方），以及板块碰在一起挤压出山地褶皱带的碰撞边界。在其他地方，板块会相互推挤，交叉而过，造成地震。

磁铁指明了方向

板块构造论的最有力证明，以古地磁学的形式出现。许多岩石与其他材质都含有矿物质，这些矿物质会像罗盘针一样，在岩石形成的时候沿着地球磁场排列。这种排列是永久的，因此岩石里面含有磁线索，可以显示出这块岩石在形成时的纬度位置。地球磁场会不时反转——磁北极变成磁南极，磁南极变成磁北极。这样的反转都会在岩石里留下记录，也能表示年代。向外扩展的洋脊，其两侧岩石都有这些磁极反转形成的带状记录，显示出大陆漂移的速度——告诉我们大西洋两侧的大陆每年以25毫米的速度互相远离。

你知道吗？

板块构造理论最早于1912年由气象学家阿尔弗雷德·魏格纳提出。其他科学家也以证据支持他的理论，不过一直到50年后，板块构造理论才被广泛接受。

地震！

地球表面每年大约会发生50万次地震——强度可以被人类感觉到的约有10万次，其中约有100次的强度足以造成损害。

地震发生在地壳一部分沿着断层线互相碰撞或交叉而过的地方。这样的地壳活动很少是平缓的，反而会出现许多释放出高能量的震动，震动程度大的时候，可能会造成灾难性的后果。

紧紧抓好

地震依据全球认可的矩震级进行划分，这个系统多少和地震学家查尔斯·里克特创立的更为知名的震级系统相似。两个系统测量的都是地震释放的能量。一般来说，震动程度必须要达到第3级，人类才能感觉得到。英国偶尔会出现有感地震，差不多就是这个等级。

你知道吗？

矩震级是用对数演算而来的，因此每增加1级，表示能量增加10倍。所以，7级地震比6级地震强上10倍，比5级地震强上100倍，如此类推。

有地震！

震动由地震仪记录——最早的地震仪以让纸卷通过一支利用灵敏悬挂系统稳定保持位置的笔的方式，记录其上下震动。现代地震仪的装置更灵敏，能够记录各个方向的震动。你可以在www.earthquakes.bgs.ac.uk网站观看全球地震数据的即时动态。

就损害而言，地震发生的地点几乎和释放能量多少一样重要。借由在地壳深处或地幔发生的地震所释放的能量，等到传到地表的时候，往往会被分散。浅层地震（发生在地壳上部者）比较具有毁灭性。

地震记录

哇！
那是什么？

动物可以预测地震吗？

每次大型地震过后，都会出现许多趣闻，描述动物在地震前几小时或前几天的怪异行为：狗吠、蜜蜂离巢、笼里的小鸟异常躁动不安。这些动物有可能接收到一些警告信号，不过这些信号到底是什么，即使在经过广泛研究以后，仍然很难证明，因此这类警告的可信度不一。有些科学家坚持，这些报道可能受到后见之明的影响，只有在后续曾有戏剧性事件发生的时候，奇特行为才会被记住并赋予意义。有些人则比较郑重其事——在中国，就曾经因为动物行为而疏散了好几座城市。可以确定的是，以动物行为为依据的警告，其实并不一致，也不可靠。

汪！汪！
小心，
有事情要发
生了！

荒凉的沙漠

沙漠是雨量很少或完全不下雨的地形景观，由于气候干燥且温度变化极端，生命也发展出一些巧妙的适应能力。

什么，不下雨啊？

沙漠的温度可以很高，例如撒哈拉沙漠、莫哈韦沙漠、澳大利亚大沙漠，也可以很冷，例如大部分地区终年间不时降雪的南极地区。最干燥的非极地沙漠是智利的阿塔卡马沙漠，这里的有些气象站甚至从来没有记录到过降雨。

在多数沙漠中，唯一可靠的水源来自地底，地下蓄水层为沙漠中偶尔出现的源泉提供水源，因此形成绿洲。

有些生物喜欢炙热的环境

远离水源生活的沙漠动植物，必须要能充分利用少许降雨带来的水。动植物适应环境的方法很多，包括减少开花等活动、只在凉爽的夜间觅食、搜集露水并储存水分等。沙漠生物的生命周期往往非常短，而且有很明显的投机主义特点：植物可以在下雨后数周内发芽、成熟并开花，然后长出可以长时间休眠的种子。

有些动物，例如储水蛙，会躲在地底休眠，直到被从上方渗下的湿气唤醒为止。

你知道吗？

单峰骆驼（背上只有一个驼峰的阿拉伯骆驼）的体温在夜间可以下降，如此一来，隔天就会需要更长时间，体温才会升高到出汗的程度。还有，它们的两排睫毛可以抵挡风沙，又宽又软的脚掌能分散体重对沙子的压力，鼻孔下方的沟槽则能将滴下的水引导到嘴里。

极端的生活

沙漠通常多沙或多石，这是因为极端的温度与直接暴露在自然环境中，岩石因强烈的风化作用而受侵蚀，逐渐粉碎。沙漠的土壤匮乏或非常贫瘠，有机质含量低，因此沙漠植物不但得面对缺水的环境，根部也少有机会能蔓延或吸收养分。

可以煮蛋的极端高温

1913年7月10日，美国死亡谷弗尼斯克里克的大气温度创下57°C（华氏134度）的高温纪录，这里的岩石经常热到足以煮熟鸡蛋，不过美国国家公园管理单位近年来已明确要求游客不要在路上煮蛋，希望能借此改善因为煮蛋而造成的环境脏乱现象。

土壤的秘密

古代文明了解土壤的价值——以至于几乎在每种语言中，我们的地球都是以土为名。然而，在地球的诸多资源中，土壤可以说是最不受重视也最遭到滥用的一种。如果你只是把土壤当成污泥，那么就该重新思考了。

土壤的基本价值与阳光、氧气和水相当。美国前总统富兰克林·罗斯福说得没错，

> “一个国家破坏土壤等于毁灭自己。”

罗斯福是在讲到20世纪30年代黑色风暴事件的经验时这么说的，黑色风暴事件是非常严重的环境灾难，起因是当时的美国人试图将大片草地变成耕地。犁地之后，脆弱的土壤迅速变干，随着被称为黑色风暴的沙尘暴一起被吹走。估计有350万人因此被迫离开家园。

那么，土壤到底是什么？

嗯，这个问题挺复杂的——复杂到化学家至今还无法明确回答，因为每种土壤都可能有独特的组成。大部分土壤都会有一种重要的矿物成分，其中包括的岩石颗粒可根据大小分成：

黏土（小于0.002mm）
壤土（0.002—0.06mm）
沙（0.06—2mm）

你看得到下面有什么吗？

那里也会有从砂砾到巨石等不同大小的石头。任何土壤都会有一部分源自当地基岩的矿物颗粒，不过许多矿物颗粒可能来自其他地方——被水、冰、风，或是人类或动物活动运到所在地点。构成土壤的每一种岩石类型都有不同的化学成分。此外，土壤还有有机成分——也就是由腐烂的动植物残骸构成的腐殖质。土壤的深色、黏性、污秽与大部分营养成分都来自腐殖质。腐殖质就好像黏胶，能将各个组成成分结合在一起形成自然土壤结构体——土壤结构的土块、泥块或拟棱柱状结构。

可以改造土壤的虫

土壤本身就是栖息地——让在地表生活的动物有挖洞藏身的地方，也是其他动物的居住地。查尔斯·达尔文是个蚯蚓迷，这是确凿无疑的，因为蚯蚓无休无止的活动在分解与土壤改良方面扮演着重要的角色。随手抓起一把表土，里面同样也居住了成千上万的线虫，这些动物会以惊人的速度享用土壤中数十亿计的细菌。

你知道吗？

土壤是陆地生态与农业的基础，可以滤水、储水与防洪，对于各种有机废物还有吸收、清除毒性与重复利用的功能。地球土壤估计储存了150亿吨的碳——这个数字大约是所有陆生植物储碳量的三倍，因此土壤可以说是抵御温室效应与逐渐加剧的气候变化的宝贵缓冲。

实验

制作堆肥

大自然是资源回收大师。堆肥是最棒的天然肥料，也是一种同时能减少厨余并让土壤变得更肥沃的神奇方法。

你会需要

* 你一般会丢掉的有机材料
* 一点耐心

成功的关键在于确保新鲜湿润的材料（绿叶、蔬果皮等）和干燥纤维物质（如枯叶和切碎的纸板）大约以1：1的比例混合。

1. 将较大块的材料切成小块，以加速腐烂。大批量制作时也可以使用修剪下来的杂草，不过混合物不应该以杂草为主。柑橘类果皮可以少量使用，不过大量橘皮会让堆肥变成酸性——腐烂速度会变得很慢。对所有的新鲜杂草或种子穗都要谨慎使用，除非你已经将它们放在阴暗处用水浸泡了好几周，借此去除了其活性。
2. 不时翻动堆肥，如果看起来太干，则应浇水，或是直接在上面撒尿（参考右图）。
3. 开放的堆肥堆会成为野生动物的避难所——物质腐烂时产生的湿热为两栖动物与爬虫动物所喜，松散的树叶堆与园圃废物常被刺猬当成筑巢地点。有蚯蚓更好——偶尔放几条蚯蚓进去，能帮助混合与腐烂的过程。

蠕动奇观

饲虫箱是密封的堆肥单元，里面有许多蠕虫（通常是赤子爱胜蚓），能加速腐化过程。除了生的植物原料以外，饲虫箱也可以放入包括肉在内的熟食。若使用熟食，务必尽快放入，并将盖子密封，这样苍蝇才没有机会在上面产卵。聚积在饲虫箱下方的液体是非常好的肥料，不过在用来施肥之前，应该用水加以稀释。

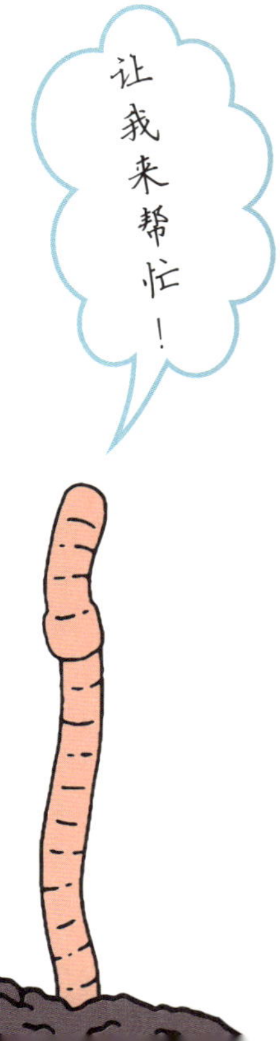

在堆肥上撒尿——尿液中的阿摩尼亚是很棒的营养物质，而且你还可以省去用来冲马桶的水。

你知道吗？

刺荨麻在自然界有一席之地，不过有时候会生长在让人讨厌的地方。如果你必须要清理掉一片刺荨麻，应将剪下来的茎放在桶里或容器里，用石块将它们往下压，盖上盖子静置两三周。如此泡出来的液体，是非常棒的植物浓缩营养液。你也可以用同样的方式处理多肉植物，如聚合草，不过使用的水量应该非常少，或是完全不加水。

被回收做堆肥的人类排泄物

只要有时间，没有什么东西是不能用来做堆肥的。堆肥式厕所可以收集固体排泄物（是的，指的就是粪便），每次加入时都应撒上木屑。经过一两年以后，粪便会腐烂成一点也不臭的堆肥。分解过程中产生的热能，足以杀死任何会造成危害的微生物，因此将这样的堆肥用在农田与花园中，并不会有安全上的顾虑。约翰英纳斯中心生产的二号堆肥，名称也许是这么来的（英文中“去二号”有“上大号”的意思）！

海洋星球

我们可以从世界地图看到，地球是蓝色星球，有三分之二的区域被水覆盖，而且这些咸水海洋是生命的摇篮。然而，这些海洋是怎么来的？是什么时候出现的？为什么海洋对地球生命会这么重要呢？

这一切是如何开始的？

地球形成于46亿年前，由围绕着太阳旋转的矿物碎片与气体聚合形成。在最早的几亿年间，地球是一个熔融体，后来地球表面开始形成一层地壳——就像蛋奶糊表面形成一层薄膜一样。这蛋奶糊偶尔会受到冰冷彗星的撞击，彗星撞击后蒸发消失，在大气层中留下浓厚的蒸汽。随着大气层温度下降，蒸汽凝结成雨。而且雨一直下个不停。到了38亿年前，地球的低洼地区全都被水覆盖——地球有了海洋，水循环也建立了起来（详见第32页）。

原生汤

水是很棒的溶剂，地球新生的海洋可以说是由许多溶解分子形成的浓汤，其中有来自新形成岩石的矿物盐，以及所有生命所需的化学成分。即使到现在，生命存在所需的所有化学反应，仍然需要水分才能作用。

替代能源

聚集在海底热泉周围的生命群落并不需要阳光，而是倚赖硫化氢在被称为化合作用的过程中氧化所释放的能量，这是50年前的生物学家们所无法想象的事情。然而，这些海底热泉附近的阿摩尼亚和甲烷浓度非常高，让一些科学家认为，这些可能是生命基本成分的原始来源。

蓝色大海

海洋约有5%的部分在白天可以照到阳光，这个蓝色表层区具有丰富的生命，在有上升流将下方营养物带到表层的区域，以及长时间日照使能量输入最大化的地区尤其如此。最高生产力（这里指形成食物链基础的微小浮游藻类的繁殖）一般出现在高纬度地区短暂酷热的夏季，最高的多元性则出现在热带，激烈的竞争驱使生命寻求更专业的生存手段。

幽灵蛸

龙鱼

你知道吗？

海洋

这个水下栖息地，有95%的区域终年阴暗，没有阳光，却有着许多神秘的生命形式存在其间：有些身着盔甲且极其脆弱，有些身上有穗有鳍，有些有触手还会发光，有些有凸眼睛还牙齿不齐，其中包括此页图片上的几种动物。

实验

把盐水变成饮用水

这是个可以救命的简单把戏，能在没有饮用水的地方变出饮用水。在世界上有些地方，整个社区都得倚赖蒸馏海水，将它当成饮用水的主要来源。你可以利用后花园或窗台进行小规模的实验，试试这个把戏。

淡化作用指将水中的盐分和其他矿物质移除的过程，通常运用在海水上。世界上有超过三亿人口必须倚赖海水淡化才能获得饮用水，尤其在降雨和地下水都很有限的地方，例如中东地区。以工业化的规模进行海水淡化，成本非常高，必须使用大量能源，不过小规模的太阳能蒸馏器，只要利用阳光就可以进行。这种技巧得到野外求生者、水手和军队的广泛使用。

你会需要

· 一只又大又深的碗，例如洗碗盆

· 用重的东西做成的小型容器，例如玻璃杯或小玻璃瓶

· 一张保鲜膜

· 一个又小又重的物品，例如石头或滚珠

· 一公升海水（或用自来水加一大匙食盐）

1. 将盐水放在大盆里，然后把小型容器放在中央——水位应该比容器边缘低很多。

2. 将大盆用保鲜膜覆盖起来，仔细把边缘密封，不过不要拉太紧，应该维持在你可以稍微把中间往下压的程度。

③ 将小型重物放在小型容器与保鲜膜的上方，让中间稍微下陷，然后将整个装置放在阳光充沛的地方。

接下来会发生什么事？

盆里的水会开始蒸发，随之形成的蒸汽是纯水，会凝结在保鲜膜内侧，顺着往低处流，再滴入容器里。盐分子会被留在原本的液体里，而原液体的浓度则会变得越来越高，最后干涸形成一层薄薄的盐壳。

如果你想更大规模地进行实验，可以使用更大张的保鲜膜与更大的容器，或是在潮湿地区挖坑，利用坑来代替大型容器，从地上提取出干净的水。

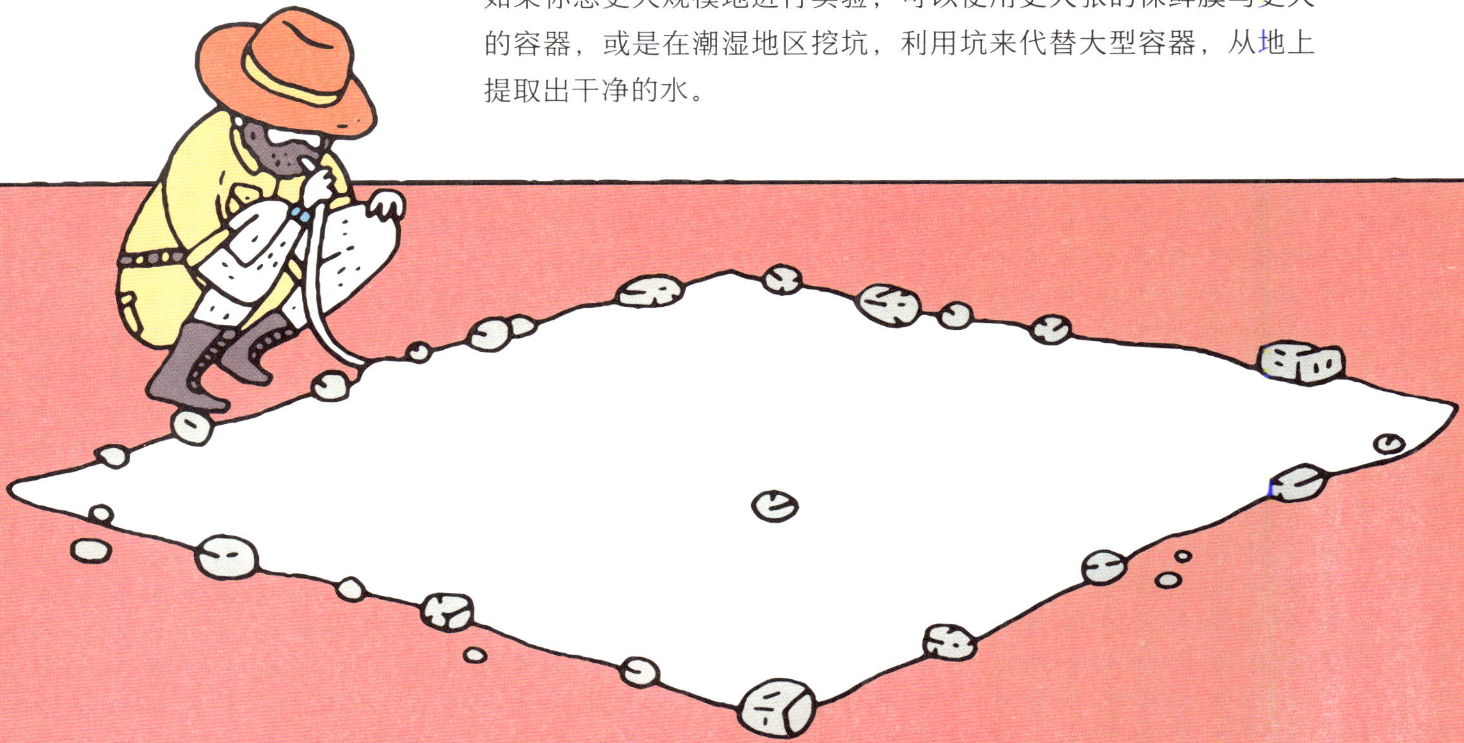

水循环

地球上的水很老，而且是非常非常老。事实上，你用来泡澡、泡咖啡、假期中在沙滩上戏水所用的水，以及暂时储存在你身体中的水，都已经存在了数十亿年，以各种物理状态在各个地点之间循环着。

水循环的能量来自太阳。太阳产生的热能让河流、湖泊、海洋与潮湿表面的水蒸发，也能使冰盖、冰山和雪从固态升华成气态。水蒸气会在大气层中集结成云，然后个别水分子再凝结成小水珠——会发生这个情形，是因为每个水分子都有正电端和负电端，而相邻分子极性相对的两端会互相吸引。

又下雨了吗？

凝结的小水珠达到特定大小时，重力会将小水珠往下拉，形成降水（可以是雨、雪或冰雹，按地面温度而定）。重力会对液态水产生作用，让水顺着河流往下流或是进入地底。有些会直接落入海洋，不过很多则会化成各式各样的形式——例如变成冰，形成地下水，或进入生物系统如植物或动物体内。

外星水

火星的地形表示那里曾经有河川奔流，而这也是我们为何认为火星曾经出现过生命的原因。然而，现在火星上的气温与低气压意味着火星上所有的水，实际上都以冰的形态存在于火星的两极与地底，或是以大气蒸汽的形式存在。

缺水吗？

地球上大部分的水（约97.4%）是盐水，而且大多在海里。在2.6%的淡水中，2/3以上在冰川，剩余的部分大多为地下水。事实上，包括人类在内的地球生物，可以或容易取得的液态淡水大约只占全球水量的0.008%，真的不多。

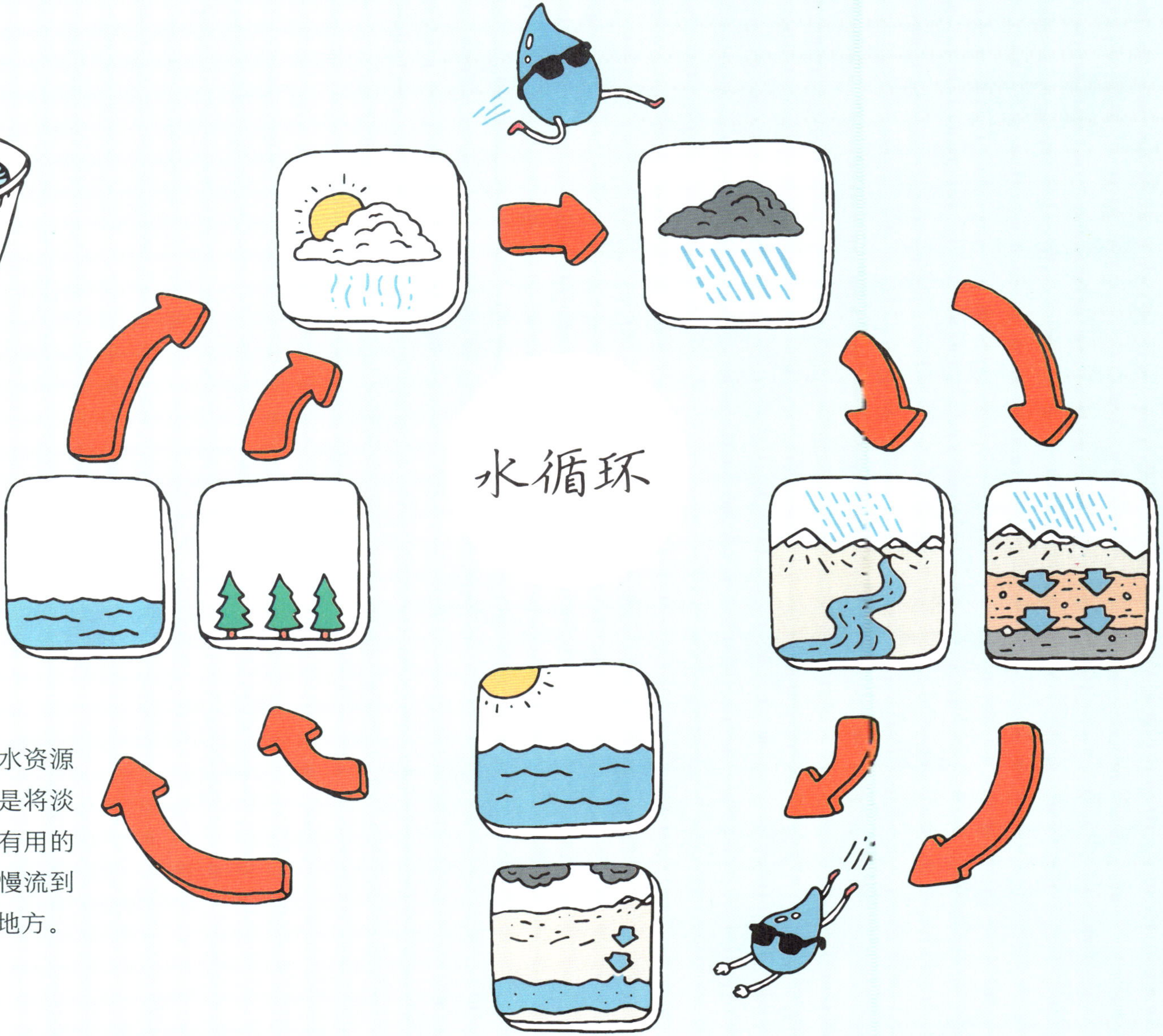

因此，当我们讲节约水资源时，我们真正的意思是将淡水保存在一个对我们有用的地方，而不是让水慢慢流到我们无法轻易取得的地方。

雨林

在热带或温带地区，若让每年降雨量达到2—10米的区域自行生存4000年左右，就会形成发展完全的雨林。一般公认，热带雨林是地球上最具生物多样性的生态系统。

尽管各方的估计值差异很大，不过地球上一半以上的生物物种可能生活在雨林里。例如咖啡、香蕉、甘蔗、山药与杧果等作物，都源自热带雨林，而且还有成千上万种雨林植物被认定为救命药物的潜在来源，其中有超过2000种可能具有抗癌特性。

酷知识

类似热带雨林的生态系统，可以在数十年间重新从伐垦过的情形长成原貌，不过要恢复原本的生物复杂性，则需要更长的时间。

露生层 由长得最高的树构成，有些树可以长到70米，远远高于旁边的树。这些树木完全暴露在恶劣的天气状况下，受猛烈阳光照射、倾盆大雨浇淋与狂风吹拂，因此这一层能支持着的生物多样性相当有限。然而，它们的确是适合猛禽与鹦鹉居高瞭望的好地方。

树冠层 大部分雨林树木的高度在30—40米之间，伸展的树枝多多少少形成了连续不断的枝叶层，在下方形成浓密的阴影。雨林的生物多样性大多集中在树冠层，其中有鸟类、哺乳类、无脊椎动物和各式各样附着在树干和树枝上生长的附生植物。人类在过去40年间，才开始彻底探讨研究雨林树冠层，它可能是现存已知一半以上的植物种类与1/4的昆虫种类生活的地方。

灌木层 更小的树木与灌木通常有较大的树叶与向外扩展得更远的树枝，借此尽量捕捉穿透树冠层的少量阳光。灌木层的昆虫无论数量或种类都很丰富，也常有地栖动物在此活动。

地面层 这片阴暗的世界所能接受到的阳光，大约只有上方树冠层的2%，因此能够支持的植物相对较少。来自上方的落叶、种子和粪便不停地掉落到地面。有树木倒下时，地面的植物会突然密集生长，试着争夺从空隙透过来的阳光。

“另一片生命大陆仍然有待发现，这片大陆并不在地球上，而是在地面一百至两百英尺处，延伸数千平方英里。”

博物学者威廉·毕比于1917年写下的有关雨林树冠层的一段文字

相距遥远的南极与北极

南极与北极位于地轴的两端，指纬度高于60度的区域。极圈内的区域夏季永昼，连续几个月的阳光照射不断，冬季永夜，很长一段时间里只有漆黑。

北极

北极圈内的区域大多为海洋，周围则是属于极地国家如加拿大、丹麦（格陵兰与法罗群岛）、冰岛、挪威、瑞典、芬兰、俄罗斯与美国（阿拉斯加）等国的领土。在过去，每到冬季，北冰洋会完全冰封，不过气候变化让海冰覆盖的范围逐渐变小，到2009年，商业航运初次开始利用连接大西洋与太平洋的西北航道。海冰的减少对北极熊造成了非常严重的影响，北极熊在繁殖与猎捕的时候都需要倚赖海冰。

南极

南极圈内的区域大多为南极大陆的范围，终年为冰雪覆盖。南极大陆的植物只限于地衣、苔藓，以及南极漆姑草和南极发草这两种开花植物。陆生动物包括一种昆虫（一种没有翅膀的蠓），不过许多鸟类如企鹅、贼鸥、信天翁和燕鸥等，会到南极大陆上繁殖。

整天都有太阳——不过还是非常寒冷！

地球倾斜，表示两极地区的阳光是斜射到地球表面的，而且会穿过一层比较厚的大气层。因此，即使到了夏天，有阳光连续24小时照射，抵达极地地表的热能还是比赤道少很多。而且，由于极地地区大多为冰雪覆盖，抵达地面的大部分光线，往往会直接被反射回太空，而不会被吸收。这也就是所谓的反照效应。

子夜太阳

漫长“极昼”确切的持续时间按地区而有不同，从两极本身的6个月，到纬度60度北极圈与南极圈在夏至当日的24小时。

你知道吗？

往返两极的北极燕鸥

北极燕鸥是非常厉害的极地动物，这种鸟类不是在两极极圈内生活，就是在往返两极的途中。成鸟在北极繁殖，一旦幼鸟强壮到可以应付横跨南北极圈的旅行，便会出发前往15000千米外的南极圈。北极燕鸥也因此成了地球上迁徙距离最长而且看到日照时间最多的动物。

进化

以自然选择为基础的进化论有时候又被称为“达尔文的危险思想”，它同时也被广泛认为是有史以来最完美的科学理论，至今已经经过了150年的严格检验。

进化论到底是什么？

生物有许多遗传性状的变化。在特定情况下，有些变异性状会比其他更成功，而我们所谓的成功，是指平均而言，具有该变异性状的个体比欠缺该性状的个体能存活和繁衍更久。由于性状是遗传的，会传给下一代，随着时间推移，遗传机制会导致外形特化，最后与祖先的形态产生相当大的差异，形成独立的物种。

小步小步慢慢来

尽管当时仍然不了解基因遗传机制，达尔文还是提出，只要有充分的时间，微小随机的变化确实能增加惊人的生命多样性。达尔文并非第一个提出进化论的人，不过他是第一个研究出改变到底可能以什么方式发生的人。

自然选择

这里讲到的遗传机制，就是自然选择。达尔文随着“小猎犬号”环球航行五年以后，提出了这个理论，不过在构思出来以后却保存了20年，并没有发表。直到另一位博物学家阿尔弗雷德·拉塞尔·华莱士从马来群岛写信给达尔文，描述同样的想法以后，两人决定同时发表有关这个主题的论文。达尔文在他于1859年出版的名作《物种起源》中详细说明了这个理论。

达尔文地雀——特化简单说

所谓的达尔文地雀，是一群约15种只生存在加拉帕哥斯群岛的褐色鸟类。不同岛屿上的鸟种，有着不同形状的鸟喙，从适合用来吃昆虫的镊子状，到适合将种子压碎的大型钳子状都有，这些形状暗示这些鸟类有着不同的生活方式。达尔文说：“在一小群关系密切的鸟类里看到这种渐进的变化与结构多样性，我们可能真的可以设想，这个群岛上原本可能只有少数几种鸟类，后来其中一种逐渐产生不同的变化，适应了不同目的。”

基因遗传

你的外表可能看起来很像你的父母亲。这一点都不让人意外，因为你体内的生物蓝图，混合了来自你父亲和母亲各一半的指令，这些指令直接来自建构出你父亲和母亲的遗传手册。

你知道吗？

约98%的人类DNA（脱氧核糖核酸）与制造蛋白质的编码无关。这些非编码DNA有时被称为“垃圾DNA”或“无用DNA”，不过没有人能确知这些非编码DNA到底有哪些其他效用。

全都在基因里

基因的概念可以回溯到在任何人了解遗传可能的运作方式之前。查尔斯·达尔文提到被称为“芽球”的粒子，在他的想象中，这些芽球必然在受精过程中融合进去，将来自双亲的性状带到新的生物体内。达尔文不知道，就在他出版《物种起源》的时候，一位名叫格雷戈尔·孟德尔的摩拉维亚教派僧侣，发现了遗传的法则。孟德尔花了很多年的时间种植豌豆，记录下花朵颜色、植株高度、豆荚形状等各种性状从一代传到下一代的情形。他的研究工作一直到1900年才被世人重新发现，遗传学也自此诞生。

DNA——生命的主要分子

到了20世纪40年代晚期，生物学家已经知道遗传信息位于染色体上（染色体位于生物细胞的细胞核内，结构又长又卷曲），而染色体主要由一种名为脱氧核糖核酸的分子构成，简称DNA。英国剑桥大学的詹姆斯·沃森与弗朗西斯·克里克利用伦敦国王学院罗莎琳德·富兰克林与莫里斯·威尔金斯的X射线晶体学研究，发现了DNA的结构。

酷知识

沃森、克里克与威尔金斯因为他们对DNA的研究贡献，在1962年获得诺贝尔奖。富兰克林之所以没有获得这项殊荣，是因为她在37岁时因为卵巢癌而早逝。

双股螺旋的生命

DNA是双螺旋结构，由两条长链构成，上面有互相配对的亚单元，称为核苷酸。每一个核苷酸由一个糖、一个磷酸盐和一个含氮碱基构成，含氮碱基包括腺嘌呤（简称A）、胸腺嘧啶（简称T）、鸟嘌呤（简称G）、胞嘧啶（简称C）四种。单链DNA上面的碱基顺序，实际上是制造蛋白质的配方，而蛋白质可以构成细胞、组织与整个生物体。相配对的两股DNA，上面的碱基会以一贯的顺序排列（A配T、C配G），而且这样的配对规则表示，在长链分开时，每一条长链都可以当成复制出配对长链的模板。

复制过程可以不断重复，复制成果几乎总是完美的。错误或突变偶尔会发生，许多突变并不会影响到基因功能，不过有些突变则会改变基因功能，形成遗传变异，也因此制造出借由自然选择让他进化的原料（详见第38页）。

神奇的哺乳动物

哺乳动物最早在2.4亿年前出现在地球上，不过早期的哺乳动物体积很小，并不引人注目，类似现在的树鼩。它们在恐龙灭亡以后开始发展，快速多元地分化成地球上具有生态优势的生命形式。

所有的哺乳动物都会以同样的策略来喂养幼崽，线索就在这类动物的名称里。每只幼崽，无论是人类或鬣狗、鲸鱼或袋熊，一开始吃的都是营养丰富、由母亲的乳腺分泌的乳汁。
一般来说，哺乳动物身上也会有毛皮或毛发，不过包括人类与鲸类（鲸鱼和海豚）在内的有些物种，这种性状并不明显。

快来暖暖身

哺乳动物是恒温动物，这表示它们是温血动物，而且能够将体温保持在最适合维持生命的化学反应作用的固定温度。这个特质让哺乳动物（与同为恒温动物的鸟类）在身体和精神上比其他体温随环境变化的变温动物更具优势，在极端环境中尤其如此。维持体温恒定是极度耗费能量的生存策略，因此有些动物会在冬眠时将体温下调，借此节省能量。

酷知识

哺乳动物有21个目，包括啮齿目、鲸目、有袋目、灵长目与翼手目等，总共约有5500种动物。

你喝奶吗？

乳汁分泌是相当奇特的现象。从进化的角度来说，它一开始是避免有气孔的卵变干的方法——是雌兽孵蛋时身体下侧腺体分泌的一种油腻物质，与汗水无异。刚孵化的幼崽可以舔食雌兽毛皮上的这种油腻物质以获得营养。现代的卵生哺乳动物（针鼹与鸭嘴兽）身上没有乳头——乳汁直接从雌兽腹部的腺体分泌出来，让幼崽啜食。乳头这种特殊的输送系统是后来才演化而成的。哺乳的主要优点，是幼崽在出生以后马上可以取得食物来源，也比较不容易受到资源波动影响，哺乳动物也因此能适应更广泛多样的栖息地。

酷知识

就大部分哺乳动物来说，雌兽会产下活生生的幼崽——单孔目动物是例外，它们会生出外壳如橡皮般的卵。

可再生能源

燃烧化石燃料或取得放射性衰变所释放出的能量，都是一次性的，因为能量来源在使用过程中会受到破坏。可再生能源的来源是可以自然补充的——太阳能可立即补充，生物燃料则需要数个月或数年的时间。

显而易见的是，地球的有限资源如石油、煤炭、天然气和核能燃料等总有一天会用完，除此之外，可再生能源还有使用时更环保的优点。然而，可再生能源也不是毫无缺点，它们的建设过程会制造污染，能源和经费成本都很高，非常占空间，会对野生动物带来冲击，而且看起来很突兀。当然，上面提到的这些缺点，也都是非再生能源的缺点。

走向环保——可再生能源的类型

太阳热能 利用阳光让水温升高，再直接将热水用于家用或商用供暖。

聚光太阳能热发电 利用反射镜或透镜将阳光汇聚成高能量光束，再用光束来驱动热机发电。

太阳能光伏发电系统 光电池构成的太阳能板，是由矽等光伏半导体材料制成的。太阳能板吸收光能时形成的电子流，是电流的基础。

水力发电 向下流动的水可以用来推动涡轮机旋转，用于小型、中型或大规模的发电。

风力发电 在风力农场中，涡轮机会被设置在迎风处，以让发电量最大化，不过在刮大风时必须完全关闭以避免损害机组。

波浪发电 水锤泵、涡轮机与直线电机等装置的发明，都是为了要将波浪能转化成电能。

潮汐发电 潮汐是由于太阳与月亮对世界各大洋的引力作用而形成。将涡轮发电机巧妙设置在快速涨潮落潮的区域，便可利用潮汐来产生电能。

地热发电 来自地壳深处的地热能可以用来制造蒸汽，驱动发电机。以地热加热的水也可以直接用于中央暖气系统。

生物燃料 有机物质可以和燃煤一样燃烧，制造蒸汽以供作发电使用。生物燃料包括多种生长迅速的植物，例如象草与柳木；其他燃料来源还有粪便与有机废物。

聪明的火花

1839年，法国物理学家埃德蒙·贝克勒尔发现，特定材质暴露在光线底下时，可以制造出少量电流。1905年，阿尔伯特·爱因斯坦针对这种光电效应提出解释，这也成了太阳能板光伏电池的基础。

可再生能源目前大约占了全球能源消耗与发电的20%。下面这些是全世界各种类型的可再生能源之最。

2400MW*
波浪发电
苏格兰奥克尼海浪发电场

300MW*
潮汐发电
韩国莞岛横干水道

392MW
太阳能发电
美国加州莫哈维沙漠的伊万帕太阳能发电站

550MW
生物质发电
芬兰阿尔霍尔门斯发电站

630MW
风力发电（海上）
英国伦敦阵列海上风力发电厂

6000MW*
风力发电（陆地）
中国甘肃风电场

1000MW
地热发电
美国加州盖瑟尔斯地热田

22000MW
水力发电
中国长江三峡水利枢纽工程

比较数据
典型核能发电厂：约1000MW
典型燃煤电站：500MW
兆瓦（MW）= 百万瓦

*预估发电量——这些发电站仍然在修建中。

可耐受温度

我们知道，生命对于温度格外挑剔，只能在天文学家口中的“古迪洛克带”（又称“适居带”）演化出现——也就是温度不冷不热刚刚好的地方。

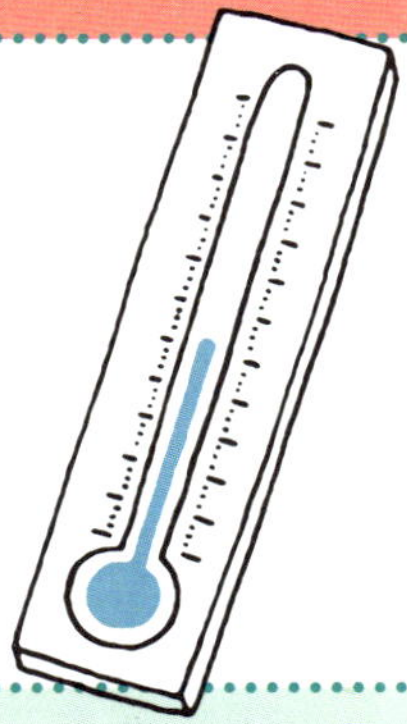

温度适中

人体对温度非常敏感。你的身体在37℃时能够维持运转——体温若是往上升或往下降个2℃，你都会觉得不舒服，如果差到5℃，你肯定会死翘翘。然而，人类是恒温动物，所以你能够运用各种生理上与行为上的方法，在不同的环境温度中维持稳定的体温。穿着适当衣物的人，可以容忍的环境温度在-20℃到35℃之间。现代科技的进展，让人类成为地球上可容忍温度范围最广的物种。

外头挺冷的！

所谓的嗜极生物，能够容忍的温度比人类高或低了许多。许多两栖类、鱼类和昆虫，可以在血液中制作抗冻化学物质，借此在0℃以下的温度存活。阿拉斯加红扁甲虫的幼虫可以容忍-150℃的极低温，外形非常奇特、体型极小的水熊虫，在受到-272℃极低温冷冻实验后也能存活下来，这个温度只比绝对零度高一点点，可以说是最冷的温度。

141,700,000,000,000,000,000,000,000,000,000°C

宇宙大爆炸后的宇宙温度

10,000,000,000,000°C

铅离子在大型强子对撞机内对撞产生的温度

350,000,000,000°C

中子星融合产生的热能

16,000,000°C

太阳中心温度

28,000°C

闪电的温度

5,500°C

太阳表面温度

100°C

水沸腾的温度

70.7°C

出现于伊朗卢特沙漠的气温最高纪录

37°C

人体温度

0°C

水凝结的温度

零下 93.2°C

地球上记录到的最低气温——出现在南纬 81.8 度东经 59.3 度

零下 273.15°C

绝对零度——理论上在宇宙任何地方都可能出现的最低温度

好热啊！

而另一个极端，箭蚁通常在60℃的环境中活动，在海底热泉附近生活的海洋甲壳动物、软体动物与多毛蠕虫群落则能够容忍80℃的水温，而所谓的嗜热菌则能够在100℃以上的水温中繁殖生长。

温标

温度通常以摄氏度来测量，不过科学家通常使用开氏温标——这同样也是温标，不过刻度移动了273度，让绝对零度变成零度。目前世界上只有伯利兹、缅甸与美国等三个国家正式使用华氏温标。在华氏温标中，水在华氏32度结冰，在华氏212度沸腾。

太阳出来了

太阳横跨天空的轨迹明显遵循着一种规律，就如钟表——也就是说，我们所使用的钟表尽可能地符合太阳的规律性。因此，人类并不是唯一使用太阳来计算时间的物种。

由于地球自转速度逐渐变慢，太阳日的长度也逐渐增加。每隔几年，天文学家会在标准时间增加1“闰秒”，以协调这样的变化。上一次的调整在2012年。

几点了？

人类利用日晷和太阳历来记录时间，已有数千年之久。日晷的原理，是直立柱（称为晷针）的影子会在地球转到太阳下方时朝着可预见的方向移动。太阳历所因循的，则是地球在绕行地球轨道时，太阳会在每年特定日期的特定时间（通常是正午或黎明）回到相同的位置。地球围绕太阳转的运动，以及地球倾斜的角度，都会影响到特定日期的日照时间长短。只有在赤道地区，白昼和黑夜的时间是相等的。在其他地方，季节以日照时间长短的可预测变化为特征，也就是所谓的光周期。

日晷

将一根棍子插入地面，就可以做出一个简单的日晷，不过若要让时间更加准确，晷针应指向北方，并与地球自转轴倾斜相同角度。要做到这一点并不容易，因为上面提到的两个角度都会因地点不同而不同。另外，本地太阳时间也会按该地点在时区内的位置而与标准时间有所差异——举例来说，英国洛斯托夫特的正午，就比格林尼治标准时间（又称世界标准时间或国际协调时间）早了7分钟，而彭赞斯的正午则晚了22分钟。除此以外，还有日光节约时间的问题。总而言之，钟表的发明确实让我们省了一大堆麻烦。

时间抓得相当好

许多动物似乎对光周期有与生俱来的感知，因此它们会出现相当惊人的守时行为，例如在每年差不多的时间抵达繁殖地，或是换成冬季的白色毛皮。至于其他季节性行为，出现的时间可能也会受到温度与食物可取得性等因素的影响。

该表现的时刻到了

有些植物会利用光周期来决定开花时间。长日照植物会在晚春或初夏开花，短日照植物只有在夜晚的时间超过临界值以后，花朵才会开始发育，这个时间点通常是在夏末。让短日照植物在夜晚短暂照射光线，可以避免开花。

看起来像鲸鱼：云的分类

谁没有凝视云层，从中看到像是山岳或动物等独特形状的经验？云的基本分类方式是由英国业余气象学家卢克·霍华德在1803年提出的，而且在世界各地一直继续使用到现在。

卷云 丝缕状的高云，白天看来非常白，不过在日出日落时会展现绚丽的色彩。

底部高度：5500—12000米

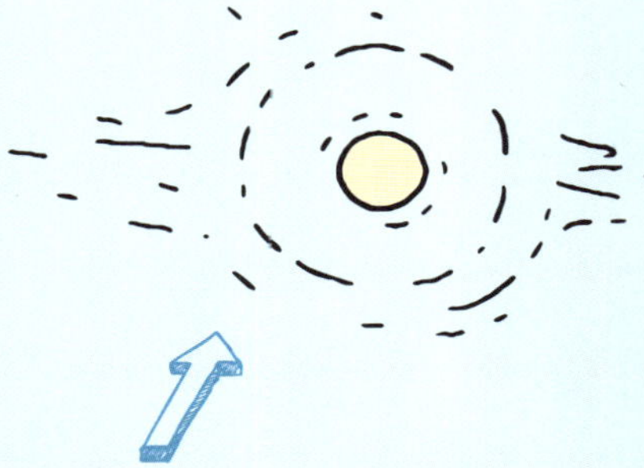

卷层云 非常稀薄的高云，覆盖面积通常很广，有时候看起来几乎完全透明，阳光仍然能形成阴影。通常会在太阳（或月亮）周围形成光晕效应。

底部高度：5500—12000米

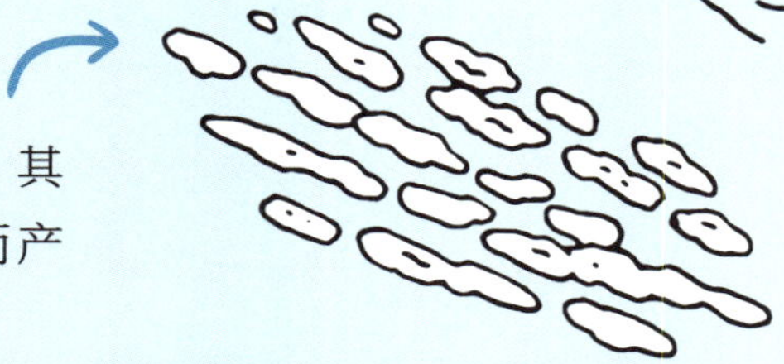

高积云 白色或灰色的中层云，其中有一侧会随着太阳的方向而产生阴影。

底部高度：600—5500米

层云 最低的云，形状比较一致，呈灰色——到地面就是我们口中的雾。可能会造成毛毛雨。

底部高度：0—2000米

层积云 轮廓明显的常见低云，底部扁平。层积云之间可以明显隔开，或是相连在一起。一片云上通常有白色到深灰色等不同深浅的阴影。

底部高度：350—2000米

雨层云 厚度相当且均匀的中层云——雨天的制造者。通常会造成持续性降雨或降雪。

底部高度：600—3000米

卷积云 又称为鱼鳞天，因为云朵形成的图案类似鲭鱼身上的条纹。云朵由冰晶而非水蒸气构成。

底部高度：2000—12000米

高层云 又薄又高的云，通常为灰色，由冰和水滴构成。有时透过云层可以看到太阳，不过透过云层的光线不足以造成阴影。

底部高度：2100—5500米

积云 典型的蓬松白云，就像你小时候画出来的云。通常为白色，顶部像花椰菜，有时底部为灰色——可以造成降雨。

底部高度：350—2000米

积雨云 非常高的云，头部通常平坦，状似铁砧，从远处看很像柱子或山岳。通常会造成大雨、冰雹、打雷、闪电与其他极端天气，例如龙卷风。

底部高度：335—2000米

棉花糖 嗯，这个其实是棉花糖。

实验

瓶中造云

你常会听到天气预报员讲到高气压和低气压，以及相关的天气——高气压通常带来晴朗干燥的天气，低气压则会带来阴雨。然而，压力到底是如何产生影响的呢？

你会需要

· 一只2升的饮料瓶，去除瓶身标签，这样才能清楚地看到瓶中的景象

· 一瓶药用酒精或消毒用酒精

· 一个打气泵或打气机（看起来像是大塑胶注射器的那种效果不错）

· 凡士林

· 护目镜

1. 戴上护目镜！把少许酒精倒入瓶中——5—10毫升就够了。在瓶口抹一点凡士林，再把打气机塞入瓶口，借此将瓶口密封。

2. 将空气打入瓶中，直到你觉得瓶子里的气打得非常饱满。你得将打气机固定住，才能保持密封。当你移开打气机，打开瓶口时，仔细观察瓶内发生了什么事。

3. 一旦你掌握了造云的诀窍，便可重新把打气机塞进去，驱散瓶内的云，然后重新打气加压。

警告 千万别傻到试着用鼻子去吸云——吸入纯酒精会造成身体不适。

如果改变天气真的这么简单就好了！

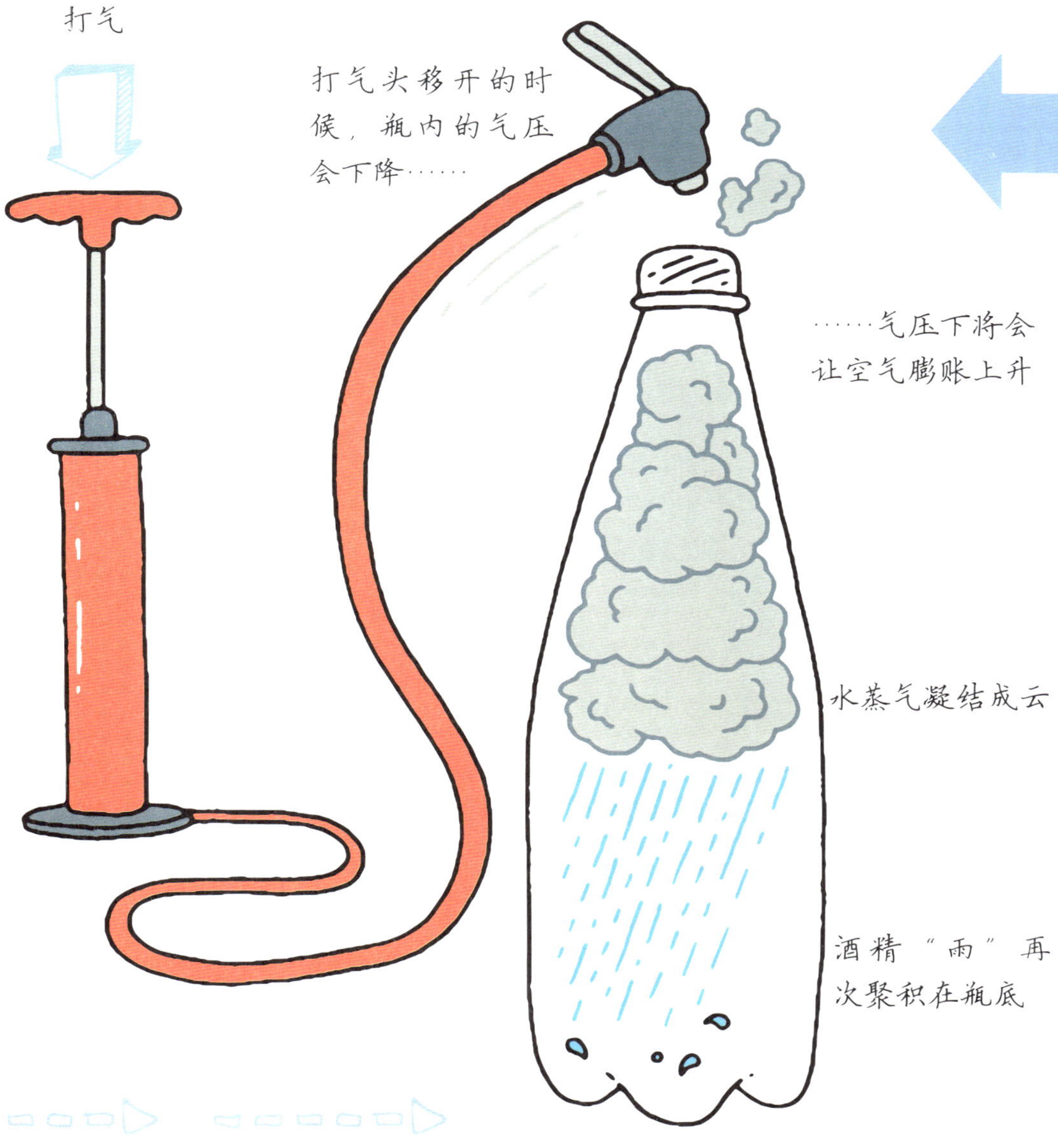

发生了什么事？

空气因为地球表面的蒸发作用而含有水蒸气——这是气象学家口中的湿度。在你的瓶子里，湿度是由酒精蒸汽造成的。当压力下降时，空气膨胀上升，导致冷却效果，促使蒸汽凝结成小水滴，形成云。当这些小水滴达到特定大小，重力的作用大于空气的浮力，小水滴就会以毛毛雨、雨或雪的形式下落。

* 这个实验之所以使用酒精，是因为酒精比水更快也更容易蒸发，因此也会产生更戏剧性的云朵效果。然而，若要以更忠实的样貌重现云朵形成的过程，你可以用温水代替酒精，进行同样的实验。

古怪的天气

我们对天气现象非常执着，随着气候变化，极端气候事件会变得越来越频繁，你可以预期到，这些纪录会在未来几年中陆续出现。

从气象的角度来说，“极端气候”是一个相对的术语，它用来描述某地点在一年中某个时间的异常气候现象。举例来说，在2003年8月10日，英国肯特郡曾出现38℃的温度——这个温度对英国来说也许是极端且创纪录的高温，不过对照赤道的标准而言，则是相对凉爽的。

在1571年至1971年间，智利阿塔卡马沙漠的部分地区曾创下400年间完全没有降雨的纪录。

最重的雹块于1986年4月出现在孟加拉戈巴尔甘尼县，重量达1.02千克。

最大的雹块于2010年7月出现在美国南达科他州维维恩，直径达20厘米，周长达47.3厘米。

最大降雨…

一分钟内最大降雨纪录为38毫米，出现在瓜德罗普岛；1970年11月

一小时内最大降雨纪录为305毫米，出现在美国密苏里州霍尔特；1947年6月

24小时内最大降雨纪录为1825毫米，出现在留尼汪岛；1966年1月（热带气旋丹尼斯）

一年内最多降雨纪录为26470毫米，出现在印度梅加拉亚邦；1860—1861年

1987年3月26日，美国航空航天局造价7800万美元的宇宙神-半人马运载火箭在发射后没几秒钟就被闪电击中九次。这艘火箭在大西洋上方和另一个造价8300万美元的军用卫星硬件一起爆炸。

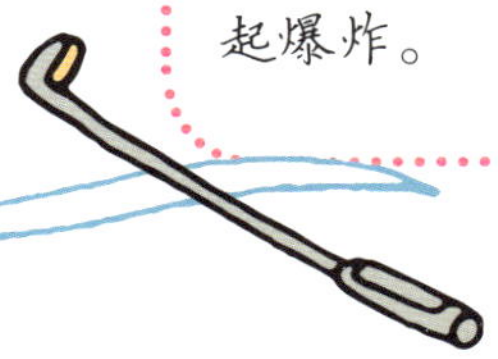

飓风、气旋或台风？

这三个名词其实指的是同一件事，只是因为地区不同而有不同的名称——绕着中心旋转的风暴系统。它们在热带地区形成，持续风速可超过119千米/小时。在大西洋北部与太平洋东北部，一般以飓风来称呼，在太平洋西北部则称为台风，到了太平洋南部与印度洋则称为气旋。

就全球而言，平均每天每秒会有50次闪电。

最强阵风纪录为408千米/小时，于1996年气旋奥利维亚侵袭时出现在西澳地区的巴罗岛。

历史上最致命的风暴是1970年侵袭孟加拉的波拉气旋。它虽然只是第三级风暴，但造成的风暴潮却导致居住在恒河三角洲低洼地区的30万—50万居民死亡。

地球上最高速的风发生在寿命短暂的龙卷风里，不过很难精确测量风速。最快的纪录出现在美国俄克拉何马州的桥溪，为3秒钟的阵风。利用多普勒雷达装置记录到的风速是484千米/小时。

地球上最容易出现闪电的地方是委内瑞拉的卡塔通博河与刚果民主共和国的基夫卡。两地每年都会出现数万次闪电。

最强的持续风出现在2013年第五级热带气旋海燕台风侵袭菲律宾的时候，高达315千米/小时的风速持续了超过一分钟。

植物也有感觉

你下次给草坪割草、靠在树上、欣赏花卉展览或啃苹果、吃薯片或胡萝卜时，应思考一下——植物没有大脑，不过它们确实有感觉。

植物可以看得见

任何在窗台上种植盆栽的人都知道，植物可以感知到光线，也会朝着光线生长。向日葵因为会追随着太阳在天空中的移动而得名。在北半球，树木因为朝着太阳生长而明显向南倾斜的情形，一直以来都被当成航海辨别方向的天然辅助。到了南半球，树木倾斜的方向则会变成北方。

植物可以闻到气味也可以尝到味道

植物对存在于空气、土壤和水中的各种化学物质非常敏感。菟丝子这种寄生植物的根，甚至可以分辨出软嫩的番茄植株与坚韧的小麦——它们总是会朝着自己偏好的寄主物种生长。

植物会有感觉

攀缘植物如豌豆和旋花等，会长出卷须或茎，只要接触到适当的支持物，就会盘绕上去。有些植物能感受到的触觉，甚至比人类手指的感受还要轻得多。西印度黄瓜可以感觉到重量0.25克的线状物——大多数人在闭眼的时候，放在手指上的线至少要重达2克，才可能感觉得到。

植物知道自己在哪里！

种子发芽的时候，嫩芽总是向上生长，根则会向下扎。这种与生俱来的重力感，是透过一种称为平衡胞的微小淀粉粒来达到的，平衡胞会落到重力感应细胞的底部，而且这种能力在植物成熟以后仍然存在——一棵树倒下以后，生长方向会突然转个弯，扭动一下继续朝上，一株倒过来的幼苗，也会掉头继续往上生长。

植物有记忆

你只要摸一摸含羞草或捕蝇草的叶子，就可以让它们合上——不过如果你太常重复这样的刺激，植物就会学着忽视你。

植物会沟通……也会操控！

当植物被寄生虫或疾病感染，或是被食草动物攻击的时候，它会释放出化学物质，借此向邻居警告威胁的存在。这些化学物质会触发其他植物产生防御性化学物质，例如具有苦味的丹宁酸，借此阻止那些会吃植物的动物。植物也会花费大量精力吸引传粉者与种子传播者——花朵和果实的外观与香味可以说是广告，花蜜和果糖的甜味则是贿赂。

实验

种子发芽的要件

每一个种子都紧密包裹着能够形成新生命的胚胎，以及一小包能够支持新生命生长好几个礼拜的能量，这些能量可以支撑到它能够自己生产食物为止。要促进每日的迷你发芽奇迹，只要浇水即可。

你会需要

- 三个有盖子的透明塑胶外卖盒
- 厨房纸巾
- 绿豆（或其他会发芽的豆类）；可以在大型超市购得
- 水
- 锥钻或烤肉扦
- 保鲜膜
- 鞋盒或类似物
- 纸板盒

1. 清洗外卖盒，然后擦干，再将一张厨房纸巾折好放在盒子底部。

2. 在每个外卖盒里加入两大匙水。确切的水量并不重要，不过为了要精确，你放入每个盒子里的量要一样，因此你应该使用同样的汤匙进行测量。

3. 接下来，在每个盒子里放入10颗豆子，然后盖上盖子。用锥钻或烤肉扦，小心将两个盒子的盖子刺20个洞。每个盒子里的豆子数量应该一致。

4. 将三个盒子放在光线充足的窗台上。将其中一个盖子有洞的盒子，用倒过来的鞋盒盖起来，尽量将所有光线都遮蔽起来，然后静置4天。

你从这个实验得到的豆子并不好吃——不过一包豆子有很多，你可以用剩下的豆子，按照包装上的指示来培养，过程中会需要重复浸泡与清洗。培养出来的成果非常营养美味；购买时应确保买到的是明确标示适合用于培育豆芽的豆子。园艺中心等地点贩卖的豆子适合用于种植，可能已经用杀虫剂处理过，不应食用。

在实验结束时，打开盒子，比较里面的豆芽。豆芽各有多高或多长？是什么颜色？是不是叶子和根都长出来了？它们对有限的空气循环或黑暗有什么样的反应？

如果有更多盒子和窗台空间，你可以进一步尝试不同的实验条件——在发芽时间比较长或比较短的情况下检查豆芽，或是浇水时使用盐水而不是淡水。

实验

催熟水果

这个古老的厨房技巧不但对专业大厨、家庭厨师与全球农产品贸易很方便，也证实了让人惊奇的植物生存策略。

你会需要

· 两个坚硬的未成熟水果——梨、酪梨、李子或绿番茄都很适合
· 两个纸袋
· 一根熟透的香蕉

1. 将坚硬的水果分别放入纸袋中，然后将香蕉放入其中一个纸袋里。把纸袋开口往下卷皱，将纸袋密封，并将两个纸袋都放到温暖干燥的地方，例如窗台上。

2. 每天检查纸袋内水果的情形，每次检查完毕都重新将纸袋密封好。哪一个比较早成熟呢?

这是什么原因呢？

熟香蕉会制造一种名为乙烯的化学物质，它是一种植物激素。空气中只要有少量乙烯，就能激发反应，让未成熟水果的果肉软化，将水果储藏的淀粉转化成诱人的糖分。

会制造乙烯的并不只有香蕉——所有成熟的水果都会释放出乙烯。对植物来说，在差不多的时间成熟，能够增加种子散布的机会，因为一些成熟的果实比一个成熟的果实更容易吸引前来吃水果的动物。有趣的是，受损伤的水果也会释放出许多乙烯，因此切开或碰伤的水果也比它们的邻居更快成熟与腐烂。因此，古人说，在一箱苹果里如果有一个烂了，不及时处理，那么整箱苹果都会烂掉。尽管如此，我们也可以好好地利用这个效果——古埃及的农民就知道，在一堆无花果中，只要把其中一个稍微切开，其他无花果就能更快成熟。

这样的方法也适用于其他来源的乙烯——中国农民会在棚子里点香，借此催熟梨子，后来才知道，原来是因为烟里含有乙烯的缘故。

你知道吗？

现在，乙烯会被用来催熟长途运输后的水果——这让一些农产品可以在未成熟时先采收，经由海运运输，而不用等到熟了以后摘采，再以空运迅速运送到目的地。这是香蕉的碳足迹低得让人意外的其中一个原因（就进口水果而言）。

酷知识

乙烯就是聚乙烯中那些一样的分子。

让我的世界充满色彩

就哺乳动物来说，彩色视觉只存在于包括人类在内的灵长类，以及部分有袋类。人类的彩色视觉，是一种为适应水果类食物而出现的进化——也是一种聪明的植物策略，确保我们只有在种子成熟适合散播以后才摘采下来享用果实。因此，在某种程度上而言，我们享受的彩色世界，是植物操控人类行为的结果。

授粉

授粉是将花粉从一株开花植物的雄性花药传到另一株的雌性部分或柱头的过程。大自然发展出许多不同的机制，让授粉得以发生。

花粉粒是雄配子的传递模组（雄配子相当于植物的精子），能帮助雄配子抵达雌胚珠。雌胚珠通常嵌在花朵上被称为心皮的构造中，或是在球果的鳞片上。每个花粉粒都有两个配子，两个配子和胚珠融合，形成“双受精”，发育成种子的两个部分，也就是胚和环绕的胚乳。胚乳能够提供种子发芽所需要的能量（也是种子如此营养的原因）。

随风而去

植物会利用许多种方法来确保授粉。针叶树、禾本植物和葇荑花序植物如榛树和桦木等，依靠风将花粉传播到远处——花粉热就是由这里而来的。

珍贵的灰尘

花粉很容易保存，而且在显微镜下，不同物种的花粉，外观上有着相当大的差异——看起来像网球、汉堡、海军水雷，甚至是《星际大战》电影中的死星等。这构成了孢粉学的特征，孢粉学就是花粉的科学，字面上来说就是指“尘土的分析”。花粉分析已经成为考古学、气候学与法医学的常用工具。

好朋友帮点忙

大多数植物会采取更具针对性的做法，争取动物传粉者的帮助。这些动物传粉者包括许许多多的昆虫，其中蜜蜂是必然的成员，不过除此以外，还有苍蝇、蝴蝶、蛾和甲虫。花蜜是一种引诱物（一种味道甘甜、吸引传粉者进到花里的奖励），而花朵的颜色、结构与香味则是广告宣传。许多植物都会为了吸引某一特定的传粉者而生长出最能吸引这种传粉者的花朵——这种忠诚度能够增加花粉被传送到另一株同种植物的机会。体型较大的动物也可以扮演传粉者的角色——蜂鸟的长喙与悬停的飞行方式是适应吃花蜜的一种方式，而某些蝙蝠也会在夜间提供同样的服务。以蝙蝠和在夜间活动的飞蛾为传粉者的植物通常会在夜晚开花，而且会用浅色的大型花朵和浓烈的香味来宣告自己的存在。

出于交叉授粉的目的而存在的所有策略都是有风险的，因此有些植物选择必胜的自花授粉策略。自花授粉确实也排除了让基因池混合的好机会，不过总比完全无法繁殖下一代来得好。

实验

种子炸弹

嘘！喜欢游击式的园艺吗？种子炸弹这个实验背后的想法，是你把一个种子炸弹丢到一个没什么人管或看来贫瘠的地方，感觉有点得意、有点叛逆，让阳光、雨水和时间完成剩下的工作。

你知道那片似乎无人照看的地方吗？空旷的小块土地，只长草的圆环，停车场的边缘，或放垃圾桶的小巷？没有人管的荒地到处都有，不过大自然并不在意这些地方看起来是什么样子，只要有机会，它就能改变这些地方，化腐朽为神奇。许多种乡土野花，其实很能适应这种毫无遮蔽的“荒地”条件。这里的“配方”应该能够做出40颗种子炸弹。

你会需要

- 500克陶土粉
- 100克腐熟肥
- 50克野花种子
- 混合时需要的水

1. 将陶土粉和腐熟肥放入大碗内混合，一边慢慢加入清水，一边搅拌。等到混合物能够做成坚实的团状，便按种子种类数，将土团分成许多小块。
2. 将一种种子混合到一小块土团里，然后再将小土团分割做成七叶树果实的大小与形状。
3. 将小土团置于温暖处晾干。

请使用本地植物的种子，不要使用进口种子或栽培品种。试试汉荭鱼腥草、红石竹、牛眼雏菊、矢车菊、勿忘草与虞美人。你也可以丢个与众不同的向日葵种子进去——向日葵并不是本地植物，不过鸟儿会喜欢它的种子。

使用陶土粉，而不要用你随便挖来的土——为了确保种子炸弹里面只有你放进去的种子，并且要避免散播外来种如凤仙花或日本虎杖。同样地，如果你使用的是自制堆肥，则应确保堆肥已经完全腐烂干燥，里面不含有任何能够发芽的花园植物种子或农产品种子。

如果你喜欢，你可以在每块土团里放入不同种类的种子。不过，请记住，这种做法会让这些植物彼此直接竞争，有些物种在长成以前比较适合独立生长。

4 好了，到了要放炸弹的时候了！它们的大小刚好适合从篱笆或窗户丢出去。每个地点都丢几个进去，因为发芽率可能相当低。如果你做得好，种子炸弹能够保护种子不受食腐动物的影响，让种子慢慢吸收水分，开始发芽。

光合作用——生命之钥

光合作用是植物制造食物的方法——不只是为了它们自己，也是为了地球上的每一个生物。

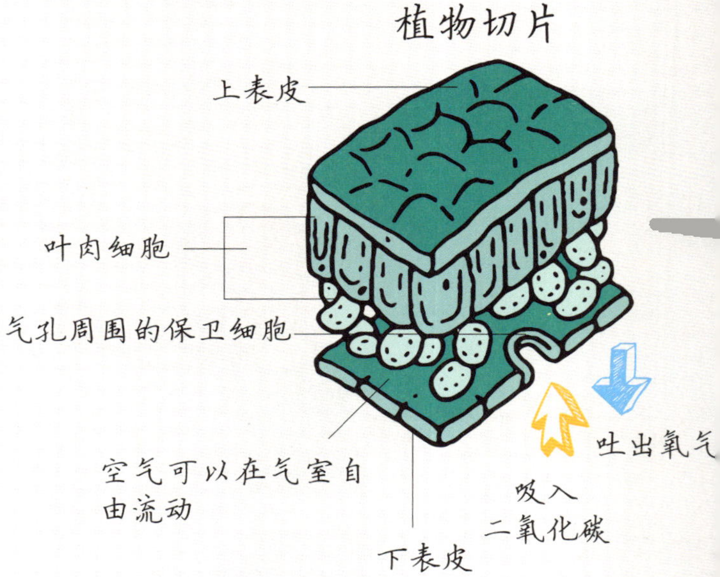

大自然的迷你工厂

叶绿体是植物细胞内的微小绿色单元，含有称为叶绿素的色素，水和二氧化碳在叶绿体中通过由阳光提供能量的反应结合，形成一种名为葡萄糖的单糖。葡萄糖可以以淀粉的形式储存，或是直接作为化学能量来源，促成生长、开花或是孢子、种子或果实的生产。叶绿素能促进光合作用这种复杂的化学反应。它含有氢、碳与氧，以及植物从土壤中和水一起萃取出的营养物如硝酸盐与镁。光合作用会产生一种气体废物，这种气体会从树叶中大量扩散出来，渗透到全球大气中。这里指的气体就是氧气，因此若说我们呼吸的每一口气都得倚赖植物，其实一点也不夸张。

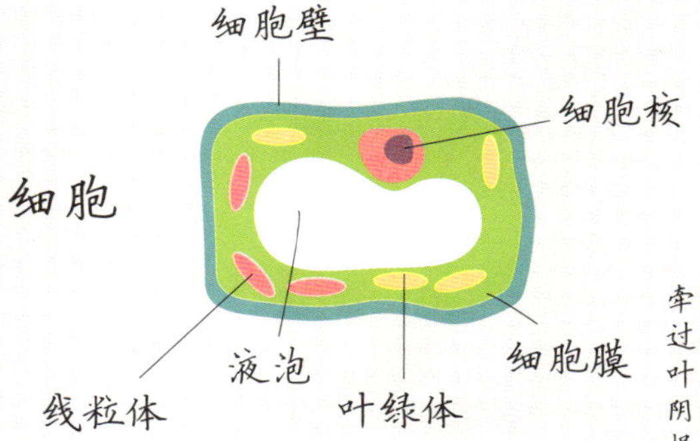

牵涉到光合作用的气体会通过名为气孔的微小开口进出叶片。气孔通常在叶子背面阴暗处，以减少因为蒸发而损失的水汽。

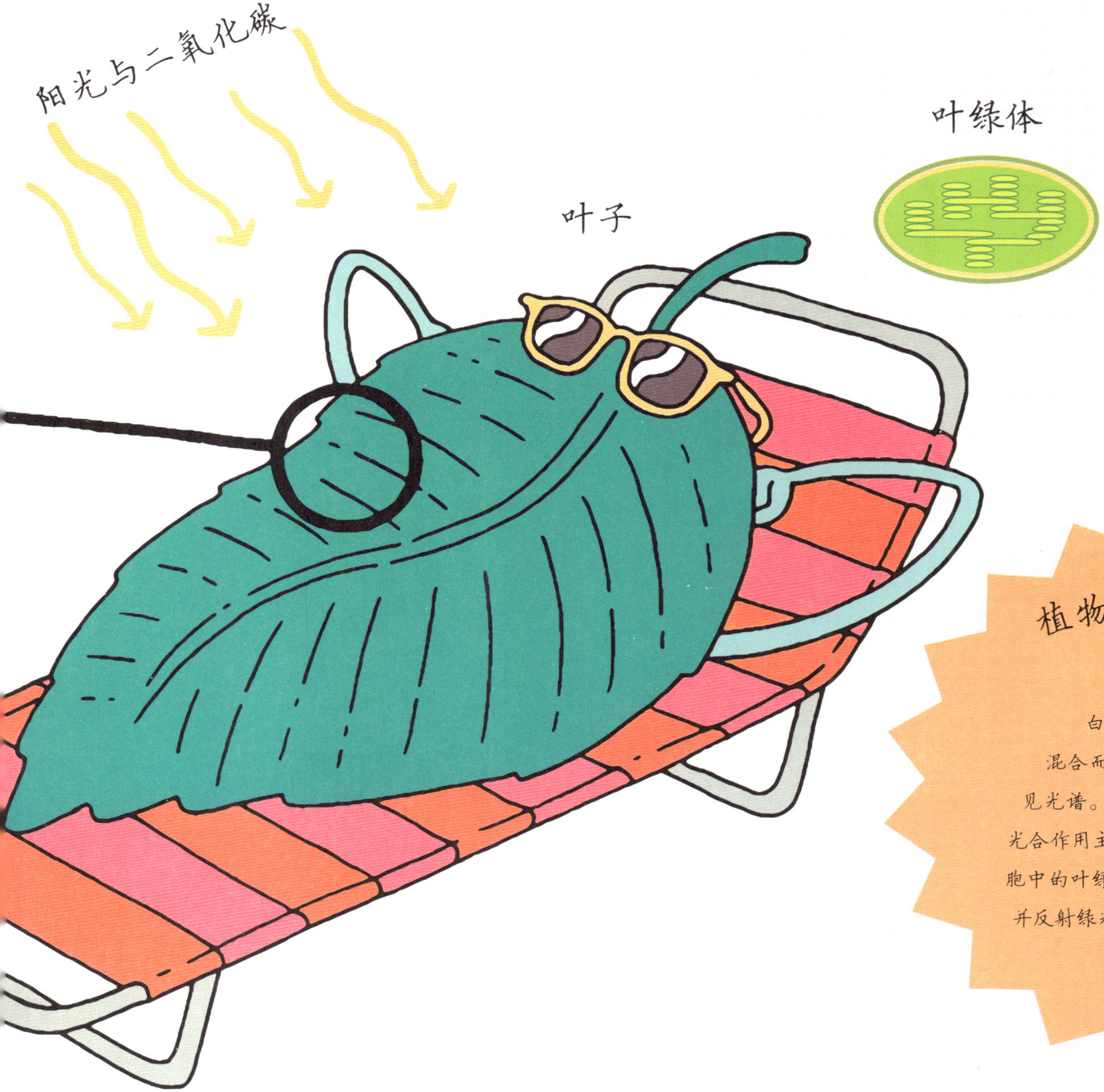

在叶绿体双层膜的内部，类囊体的膜状结构通常会层层堆叠在一起，名为基粒。类囊体含有叶绿素，是光合作用实际发生的地方。

植物为什么是绿色的？

白光实际上是由彩虹色彩混合而成——也就是我们所谓的可见光谱。植物看起来是绿色的，是因为光合作用主要由蓝光和红光来驱动。植物细胞中的叶绿素会从阳光中吸收需要的波长，并反射绿光——再被我们的眼睛接收。

花之力

大自然（或自然选择）让花朵成为能够引起注意的东西。花朵有醒目的颜色、多样且复杂的结构与引人注意的气味，这都是为了引起注意，不过这样的表演并不是为了人类而存在，其目的在于吸引各种传粉者。

阿诺德大王花在所有开花植物中有着体积最大的花朵，直径可达1米，重量达11千克。然而，这种花并不漂亮，而且会发出类似腐肉的气味——因此这种花又俗称“腐尸花”。

泰坦魔芋花有所有开花植物中最大的不分枝花序，高度可达3.1米。让人困惑的是，这种花也被称为“尸花”，这是因为它会散发出腐烂的气味，不过这种花和大王花并没有关系。

17世纪荷兰花卉市场曾经出现一股“郁金香热”，单个球茎的价钱比同重量的黄金还贵。

第一种在太空中开花的植物是拟南芥——这种岩芥于1982年在苏联太空站“礼炮七号”的实验室中成功生长。

竹类植物通常采取营养器官繁殖，单一植株可以蔓延生长数十年，长出一整片竹林。然而，在40—130年之间，所有来自同一植株的植物（包括从同一株植物分出来移到世界上其他地方种植者）都会同时开花，然后死亡。

最高的向日葵是德国人汉斯-彼得·雪佛在2014年种出来的，高度达9.17米。

白鲜或火丛的花和叶子会释出高度易燃的芳香油——附近若有一支点燃的火柴，就能瞬间点燃整株植物。

有些植物会产热，例如亚马逊王莲与斑叶阿诺母——它们会释放热能，借此增加对传粉者的吸引力。

日本人每年都会举办许许多多庆典和户外聚会，庆祝樱花盛开的季节。这种赏花的活动在日本称为“花见”。

“番红花”是世界上最昂贵的香料，采集自番红花。番红花的柱头与花柱被采集、晾干，然后就可以用于食物如米饭的调味，它也可以让食物染上鲜黄色。

发现于2011年的夜花石豆兰是已知的第一种在夜间开花的兰花。这种植物的开花时间只有几个小时——刚开始的时候，植物学家无法解释为什么看起来很有希望开花的花苞，总会枯萎死亡。后来，有一位研究人员把一株花带回家过夜，才终于观察到这种植物开花的现象。

最小的花自然也是最小的开花植物长出来的，它是一种叫作微萍的水生浮萍，也被称为无根萍。

实验

植物色素

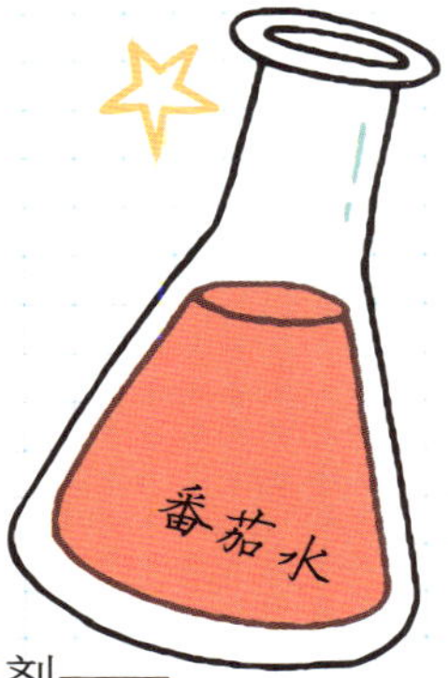

你曾经犯下过在吃波隆那肉酱面时穿白衬衫的错误吗？没有比用橄榄油和番茄做成的浓郁酱汁更容易留下污渍的东西了。但是，番茄汁却很容易就能洗干净，为什么会这样呢？这个实验检测植物色素的特质：你可以使用番茄或胡萝卜作为材料。

你会需要

· 四只果酱瓶和盖子
· 一根大胡萝卜或六个深红色大番茄的皮*
· 浅色的食用油（花生油或葡萄籽油的颜色通常最浅）
· 水
· 滤茶器

*要替番茄剥皮，可将番茄放在大碗内，倒入沸水覆盖，浸泡约60秒。

1 用刨丝器将胡萝卜刨成丝，或是使用番茄皮，将番茄皮切碎。将胡萝卜丝或番茄皮分成两半，再分别放入果酱瓶里。

2 在其中一个果酱瓶里放入50毫升清水，另外一瓶则放入50毫升食用油。旋紧瓶盖，摇晃30秒。使用干净的滤茶器，将胡萝卜／番茄水过滤到干净的瓶子里。

3 接下来，将滤茶器洗干净再仔细擦干，然后用胡萝卜／番茄油重复同样的动作（这会需要更长的时间过滤——静置几分钟）。

4 现在你会有两种调剂——其中一个包含水溶性色素，另一个包含脂溶性色素。两者的颜色有何差异？为了证明这一点，在装胡萝卜／番茄水的瓶子里加入一些干净的食用油，然后在装胡萝卜／番茄油的瓶子里加入等量的清水。你可以让水溶液里的色素和食用油混合吗？或是让油里的色素进入水中吗？

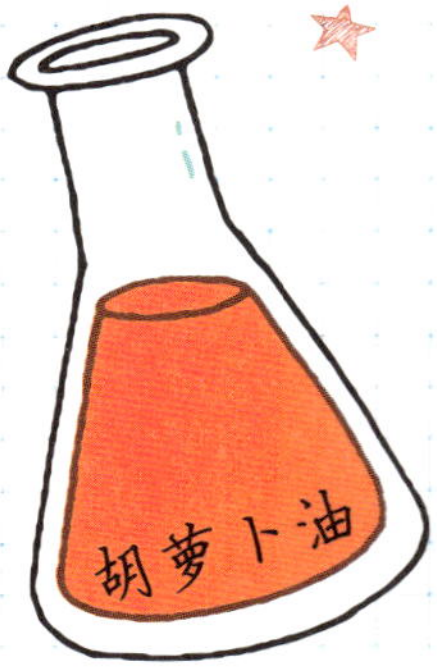

那我的衬衫呢？

让我们回到波隆那肉酱的污渍。罪魁祸首是称为番茄红素的色素——在番茄里很多，也是非常宝贵的抗氧化剂。番茄红素的污渍之所以在衣服和塑料上比较顽固，是因为番茄红素是脂溶性的。用水和洗涤剂搓洗，无法破坏这种色素。幸运的是，只要晒点阳光就可以破坏它——这种色素在紫外线照射下很快就会分解，因此你可以把沾上污渍的东西清洗或弄湿，然后放在太阳底下自然漂白——不需要用上什么讨厌的化学制品。

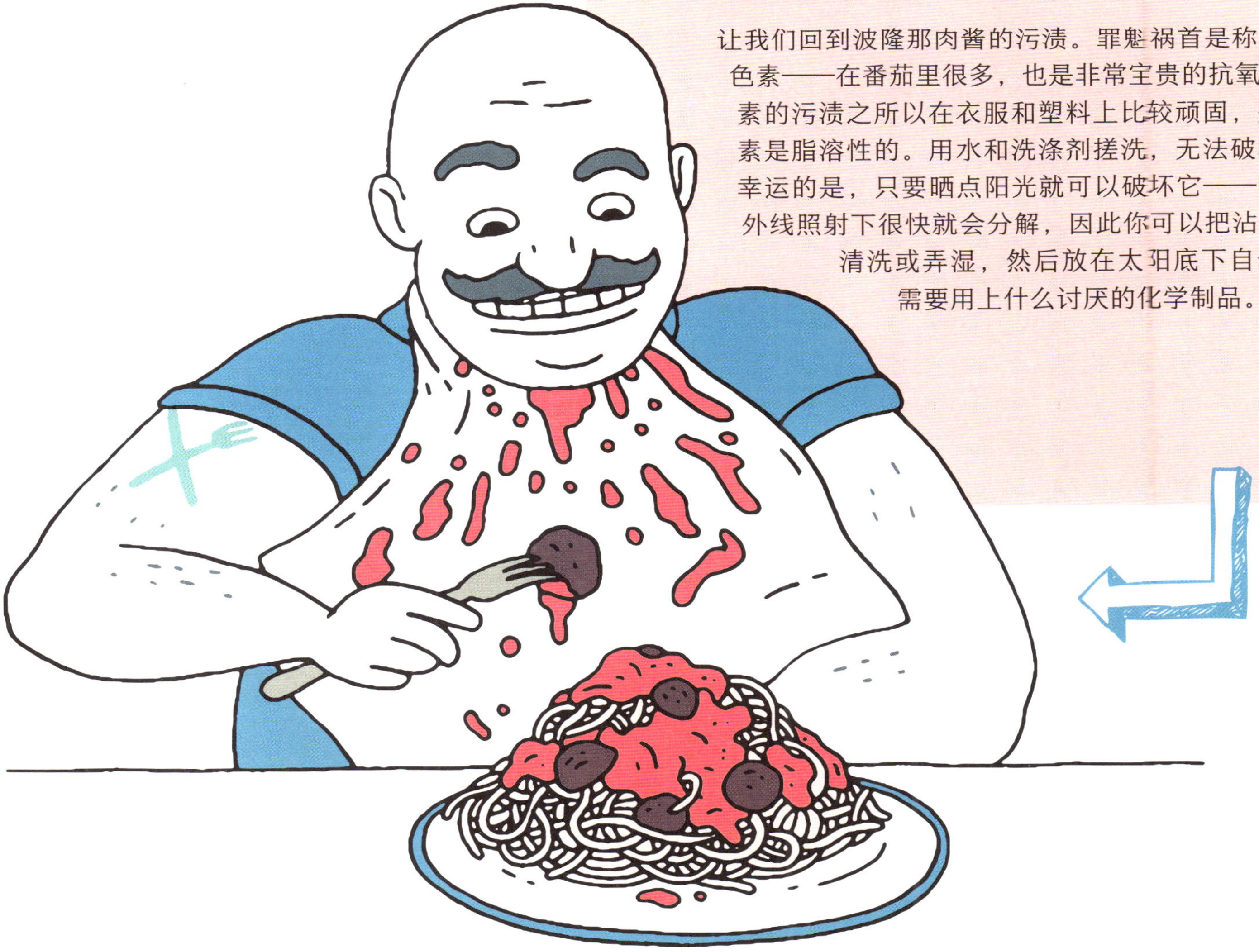

巨大的树木

毫无疑问的是，无论从科学、艺术、精神、工程或商业的角度来看，树木都是很酷的东西。很少有其他生物可以在美貌、规模、寿命、生态和实用价值上与树木相媲美。

树木是由什么构成的？

树（如果有任何疑问）是一种寿命很长（多年生）的植物，有细长的木质茎（树干）。大部分树木都挺高大的，不过也有矮生种，尤其是在那些少有遮蔽、环境条件造成树木长不高的地方。

纪录创造者

目前最高的树是一种生长在岸边的红木，叫作亥伯龙神，高度可达115.55米，被认为有800岁。这棵树生长在美国加州北部，不过其确切的位置是个被保护的秘密。

目前已知年龄最老的树是一棵狐尾松，同样也在加州，确切位置同样是个秘密。在2013年，树木髓心采样的研究分析证实这棵树的树龄为5064年。好几株欧洲紫杉估计也是差不多年龄，其中有好几株在英国的教堂庭院里，不过这些树的确切年龄已无法确认，因为髓心早已烂光光了。最老的植树是一棵菩提树，也就是“斯里兰卡摩诃菩提树”，据说这棵树的种子来自佛陀悟道时打坐的那棵菩提树。这棵树被种在斯里兰卡的阿努拉德普勒，目前仍然存在，树龄已有2303年。

绕圈圈

树木生活在四维空间——这里的第四维指的是时间。橡树很容易就能活上1000年，而目前最古老的紫杉，在时间上更是早于欧洲的历史纪录。树木也许没法讲话，不过它们可以提供历史资讯——尤其是有关气候的资讯。树木树干上的年轮，记录着树木生长停止与开始的周期——夏季会突然快速生长，冬季则为静止期。特定年份的生长，可以用年轮的厚度来表示——因此，好的、坏的和不好不坏的夏天，年轮粗细不同，看起来就像是条码。年轮研究可以用来确定树干某一部分的年份，即使不知道这棵树的起源，也可以做得到。这项技术被用来确定古老建筑结构木材的年份，借此确认建筑年代。

利用年轮来确定树木年代的学问，称为树木年轮学。

实验

树叶拓印

树叶拓印是令人愉快且简单的艺术劳作，也能帮助了解树叶的结构与功能。

你会需要

· 几种不同的树叶——理想的是晚夏或秋风时节发育良好但仍有弹性的树叶（又干又脆的树叶并不适合——在使用时易碎裂）

· 平坦光滑的台面

· 几张质地平滑的白纸——标准打印纸相当理想

· 蜡笔，颜色只要你喜欢就好

1. 将第一片叶子倒过来放在表面平滑的台面上（让下侧凹凸不平的叶脉朝上）。

2. 将白纸覆盖在树叶上，用蜡笔在树叶上方来回摩擦。颜色只要画到叶缘就好，如此一来你就能分辨出树叶的形状与叶脉的图案。用不同的树叶与颜色重复同样的操作。

3. 要做出不同的变化，可以在以浅色蜡笔制作的拓印上作画，或上蜡并搭配稀释的水性涂料或水性油墨——颜料只会在没有上蜡的部分留下颜色，如此一来蜡笔拓印出来的图案就能清楚地显示出来。

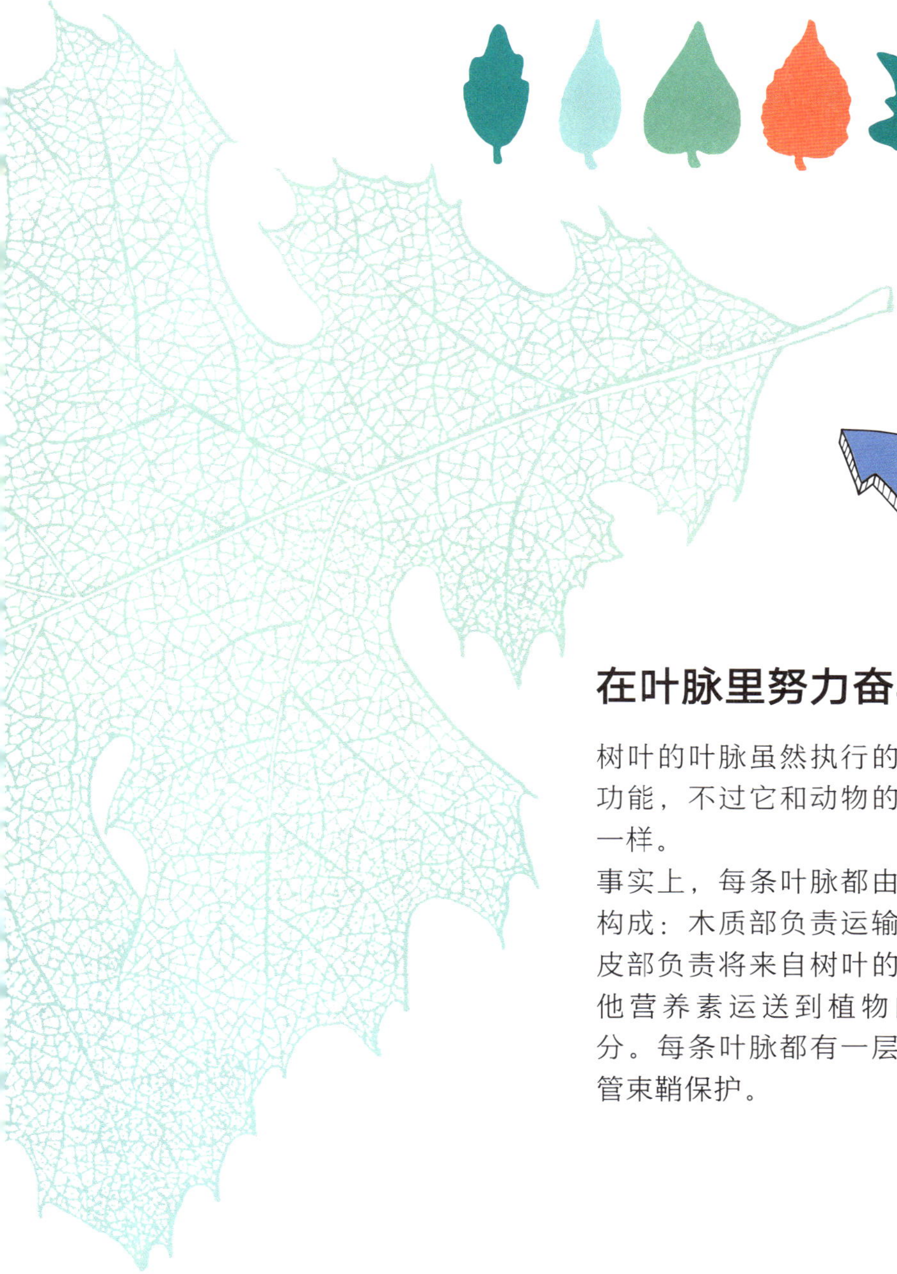

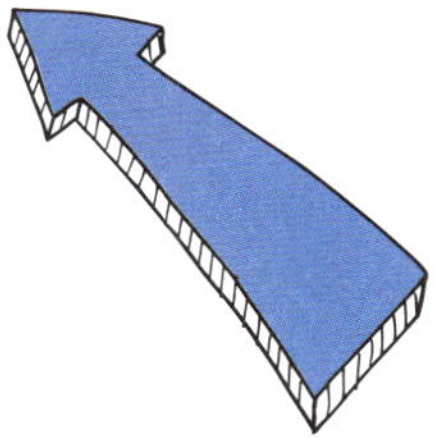

翻开崭新的一叶

在植物分类学中，树叶的形状与叶脉的图案是用来分类的特征——你可以试着辨认一下你用来拓印的树叶。检查双子叶植物如橡树或梧桐树，看看它们的宽大树叶和分支叶脉之间各有什么样的差异，也观察一下单子叶植物如禾草和棕榈等几乎平行的叶脉。

至于不开花的植物如蕨类，其分支结构的复杂性能帮助你识别：它们是羽状叶（称为羽状体的叶状裂片从蕨叶的中央的茎分支一次）、羽状复叶（较大蕨叶会分支出较小蕨叶），或三回羽状叶（较大蕨叶分支出较小蕨叶后再次分支）？

在叶脉里努力奋斗

树叶的叶脉虽然执行的也是运输功能，不过它和动物的血管并不一样。

事实上，每条叶脉都由两种导管构成：木质部负责运输水分，韧皮部负责将来自树叶的糖分与其他营养素运送到植物的各个部分。每条叶脉都有一层坚韧的维管束鞘保护。

吃饭啰！

需要进食以取得能量和营养（而不是像植物能够制造），是动物的一个重要特征。食物网这种方式能够适当地表现出谁吃谁这种复杂且相当残忍的事情。

错综复杂的网

我们有时候会用食物链来说明一个层次到下一个层次的能量流动（例如眼子菜、蝌蚪、鸭子、狗鱼），似乎这种能量流动非常简单一样。然而，大多数动物会吃的食物都不止一种，而且大部分植物与被捕食的动物，所面对的消费者也不止一种。

你从哪里获得能量？

大多数食物网都是以生产者或自养生物为基础——指能够制造糖分的生物体。这些生物大多为植物，不过也包括一些细菌。不属于生产者或自养生物的其他生物都是消费者或异养生物。动物吃下的能量大部分都在维持生命机能的过程中被燃烧掉——只有少部分会被保存或转化成活组织。因此，自然界会需要大量生产者来维持初级消费者。食肉动物，尤其是顶级掠食者，原本数量就很稀少。顺着同样的逻辑来思考，作为地球上最贪婪分布最广的消费者，永续生活对人类来说，就是意味着少吃肉类，多吃蔬果。

那是我最喜欢的食物！

大多数动物都有某种程度的饮食特化，它们吃的都是自己实际上能够获得并处理的食物。即使是饮食范围较广泛多样的杂食性动物，在一定程度上也是受到限制的。

食物网

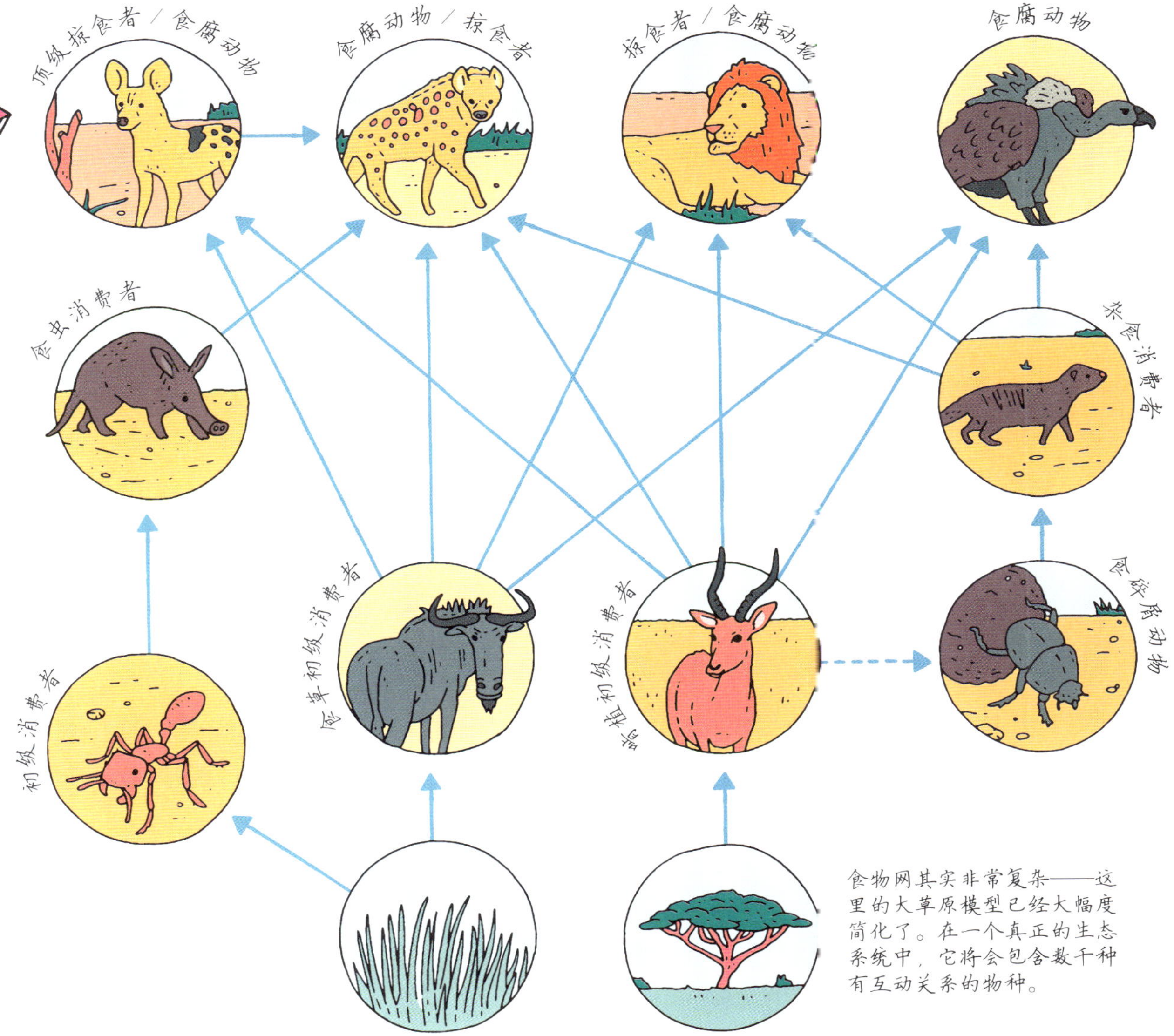

肉食动物主要吃肉：有些是掠食者，其他则以死尸或腐肉为食物。

草食性动物以素食为主；刮食者专门吃青草和草本植物；哨植者则以树叶和嫩枝为食。

食碎屑动物会吃死尸和腐烂的东西。

食种子动物以种子为食。

食果动物会吃果实。

食鱼动物偏好吃鱼。

食虫动物会吃虫和其他小型无脊椎动物。

食浮游生物动物吃浮游生物。

吸血动物会喝血。

食蜜动物会啜饮花蜜。

食物网其实非常复杂——这里的大草原模型已经大幅度简化了。在一个真正的生态系统中，它将会包含数千种有互动关系的物种。

它跑哪儿去了？动物的伪装术

现在你看到我了，现在你又看不到了。动物保护色的演化，是为了在它们最需要的时候给予保护——这通常是在被猎捕的时候。

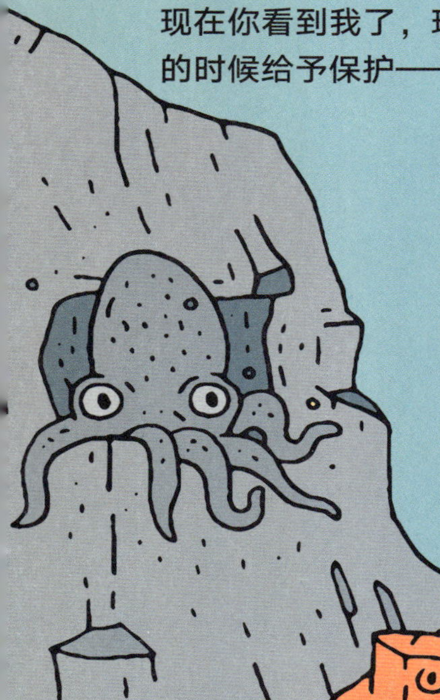

动物的伪装术有许许多多的变化，从最基本的到极其复杂的都有——最基本的伪装如许多小型哺乳动物与鸣禽身上极不醒目的棕色体色。最复杂的伪装术，甚至能够混淆人类的视觉。

光影

许多水生动物，尤其是鱼类，都会有一种名叫反荫蔽的保护色——身体上半部的颜色较深，下侧颜色较浅，帮助它们融入幽暗的深处或明亮的水面，这取决于它们是从上方还是下方被看到。一些发光生物，例如银斧鱼，会从腹部发光，而且发出的蓝色就像从上方经过水过滤的阳光，从下方看去，它们几乎是隐形的。

融入环境之中

大多数保护色，在特定背景类型的效果最好——对比目鱼来说是粗沙，对叶尾守宫来说是长满苔藓的树干，对蚱蜢来说则是青草。然而，有些看起来似乎靠不住的图案，却能破坏动物本身的轮廓，效果还非常好，老虎身上醒目的条纹便是如此。

全都变了

有些动物的保护色会随季节改变。举例来说，北极狐与外观像松鸡的岩雷鸟一到冬天就会换上白色的冬衣。有些动物的体色改变则快了许多：许多鱼类和蛙类会让自己的体色变暗或变亮，好融入背景之中。包括变色龙、章鱼和鱿鱼在内的一些动物，能够快速改变以融入各种背景的颜色与质地，其速度之快，准确度之高，使得这些动物基本上就好像披上了隐形披风。在这些动物之中，有些对于皮肤里含有色素的细胞或色素细胞有着绝佳的控制，甚至可以将一波波的颜色变化当成一种沟通模式。

斑斑点点的蛋壳

会伪装的并不只有动物：许多在地面筑巢的鸟类下的蛋，通常也都有斑点或斑纹，借此融入环境之中。

熟悉的气味

伪装术并不一定是视觉上的。青蜂会入侵其他胡蜂的巢穴，吃掉其他寄主胡蜂的卵或幼虫，再把自己的卵产在寄主胡蜂的巢穴里。一般认为，有些青蜂会释放出类似其他寄主胡蜂的气味，以至于寄主在黑暗的巢穴里无法辨认出来。

实验

追踪动物

在雪地或泥地里发现脚印是件让人兴奋的事，它显示出另一种动物最近曾经经过你正在走的这条路。每种动物都会留下独特的足迹或气味、粪便等“痕迹”，通过动手实践，你将能学习到在一个地区生活的动物有着什么样的习性。

你会需要

· 一份野外指南
· 笔记本，用来做笔记和画图
· 放大镜
· 望远镜
· 相机
· 卷尺

1 你需要能够记录动物活动痕迹的适当表面。刚下的雪是最好的记录媒介，因为它能留下印记，并把所有东西都覆盖起来——不过你需要在它开始融化或被踩踏之前赶快去做记录。泥地、淤泥、潮湿的土壤与沙子都是绝佳的记录表面，甚至青草也能显露痕迹——在小型哺乳动物会习惯性经过的地方，可以通过露水来寻找踪迹与动物的过道。

2 寻找踪迹的最佳地点，是在明显横道与可能造成交通堵塞处的原有路径上——大多数动物跟我们一样，在通过杂乱的栖息地如林地时，会选择最简单的路线。

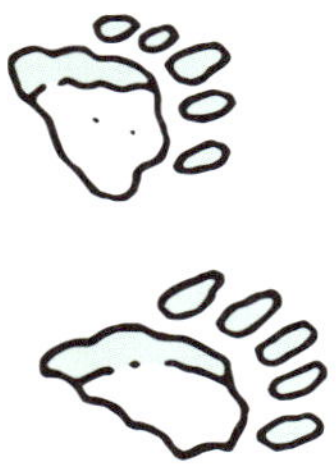

要寻找什么呢？

· 印痕有多大？将一个已知大小的物品如硬币放在旁边当作比例尺，进行测量或拍照。

· 它是什么形状——椭圆形、圆形、心形或像星爆般的辐射状？

· 你可以看到几趾？鹿、羊与牛都是两趾；狗、狐狸与猫有四趾；獾、水獭与熊有五趾。啮齿类有四趾与五趾。鸟类有三只向前的趾，有时还会额外多一只向后的趾。

· 你可以看到爪痕吗？松鼠、狐狸、獾和狗的行迹都可以看得到爪痕；猫科动物的脚印则不会留下爪痕。

· 前脚和后脚的脚印大小一样吗？又小又圆的前脚脚印和狭长的后脚脚印，可能是兔子或野兔留下的。

· 有拖着尾巴的证据吗？

· 在遇到障碍物如墙壁或倒下的树时，足迹有什么样的变化？这可以让你了解动物的大小与敏捷性。许多小动物如老鼠，喜欢沿着直线形的遮蔽物如墙壁活动。

· 这只动物有没有跳跃、停顿或改变方向？为什么会这样呢？

不速之客——寄生虫

很有可能，在读完这页以后，你会觉得全身发痒，而且一点都不想吃午餐。然而，千万不要因此失去兴趣。寄生虫是牺牲另一种生物才能存活的生物，它所倚靠的生物称为寄主，寄生虫有着许多非常酷的寄生方式。

讨人喜欢的虱子？

我们会想当然地认为所有寄生虫都是坏东西，它们引起疾病或造成死亡。然而，杀死寄主进而让自己也一起死掉，其实是它最不愿做的事。事实上，许多根深蒂固的寄主-寄生虫关系几乎可以说是友好的，寄生虫只会吸取寄主能够割爱的能量。

以头虱这种毫不起眼的寄生虫为例——它只会寄生在人类寄主身上。头虱喜欢我们身上干净且相对细软的头发，它们能轻轻松松地穿梭其间，一辈子都在人类的头上度过，从虱卵孵化，适度吸取人类的血液为食，偶尔也会把握机会，在人群聚集的时候换个新家。它们不会造成什么真正的危害，而且和其他寄生虫相较下，它们的习惯似乎还算健康。

我的肚子痛！

在寄生虫感染到适应能力较差的寄主时——例如会造成昏睡病的锥虫，或是寄生虫在传染过程中造成寄主病痛的时候，就会出问题。此时，我们将这些症状称为寄生虫病。

以麦地那龙线虫（又称几内亚龙线虫）为例。这种寄生虫需要两个寄主才能完成它的生命周期——第一个寄主是一种桡足类的小型水生甲壳动物，第二个寄主是人类。当人类随着不干净的饮水将桡足类动物吞下肚时，在桡足类动物体内的麦地那龙线虫幼虫就会钻到人的胃黏膜里，在里面成熟，交配。成功受孕的雌性穿过寄主的结缔组织，来到手臂或脚的皮肤，然后从让人感到疼痛的水泡里慢慢钻出去。寄主的自然反应，是冲水以减缓灼热感。一遇到水，雌线虫就会释出数千只幼虫，又重回到水

你知道吗？

缩头鱼虱（俗称食舌虱或食舌虫）的幼虫会从鳃进入鱼的嘴巴里，然后塞在舌头的血管上。由于血液供应被切断，舌头会逐渐萎缩，最后掉落，不过缩头鱼虱会继续附着在上面，让寄主将它的身体当成假舌头来使用。

中，随时都可能被桡足类动物吃下肚，重新开始另一个循环的生命周期。这种生命周期已经这样子运转了数千年，不过细致的公共教育和水处理，意味着麦地那线龙虫不久以后就会被彻底根除。

头虱专家声称，“自拍”的流行可能会让青少年头虱感染的发生率增加，不过这个说法目前尚未被科学证实。

要是它们能说话就好了！动物的沟通

动物会以各式各样刻意或无意识的方式沟通——利用气味、姿势行为、声音与其他信号传递的方法。只要多加练习，我们也可能解读这些信号。

任何猫狗饲主都会告诉你，物种的不同并不会造成沟通障碍，动物很容易就能表达它们的情绪与想法，做出要求或操控你的行为——让人顺顺毛、摸摸肚子、带出门遛遛，或明确告诉你“我想独处一下”。花半个小时观察在花园饲喂站上忙着吃东西的鸟儿，你也会看到各式各样表达“走开，这是我的花生”的沟通方式。

说话是不太费力的沟通方式

我们可以理解许多视觉沟通方式，因为我们自己就会刻意运用手势来进行视觉沟通，例如用手指东西、耸肩，以及像是摸头发等下意识的动作。在动物中，动作可以演化成复杂的展示，例如许多鸟类与鱼类的求偶舞蹈，而且这些展示也可以通过身体特征如色彩鲜明的肤色或羽毛等来强化。其他动物发出的信号则比较难以理解——举例来说，有些鸟鸣在我们听来，似乎在表达春天的喜悦，不过它实际是可能表示具有侵略性的领域性行为。

对不起，我没听懂

其他形式的动物沟通，我们几乎都无法理解。我们听不到大象或蓝鲸发出的通过地底或水传到数百千米以外之处的低频，也听不到小老鼠叽叽喳喳发出的超音波。我们通常闻不到大多数哺乳动物涂抹在领土和其他同伴身上的气味“名片”。我们感觉不到各种动物如马、鱼和甲虫等发出的化学信号或费洛蒙，即使有时候空气中或水中充满着这样的味道，人类也无法感知。

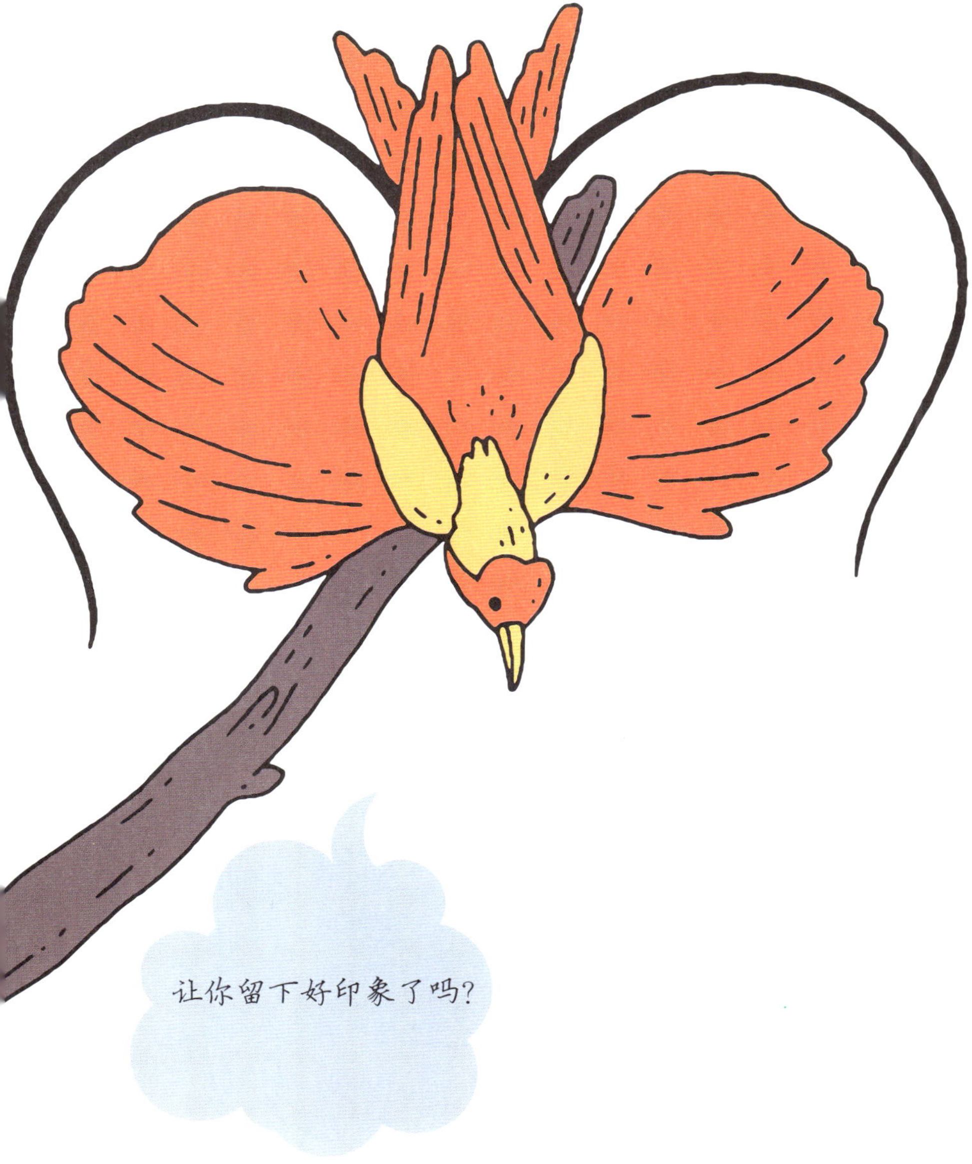

这是真的!

自然选择通常倾向有利于“诚实信号”的演化。雄孔雀的尾巴显然是相当明目张胆的广告，要长出漂亮的尾巴，让它保持得漂漂亮亮并用它来飞，需要一些生理上的投资，这也就表示，只有优质雄性才可能成功达到这样的结果。因此，漂亮的尾巴可以说是相当诚实的指标，表示这只雄孔雀适合当成对象。

地表最凶猛的动物

人们常用“獠牙与利爪沾满鲜血”来描述大自然，讲得好像大自然可以选择一样。对大多数动物来说，狩猎与自卫都关系到生存问题，不过这并不表示我们就无法欣赏它们惊人的力量、技巧与它们的凶猛。

首先，下面这些动物应该是相当令人畏惧的。

抹香鲸 地球上体型最庞大的猎食者——不过它专门吃深海鱿鱼。从许多抹香鲸头部与身侧的伤疤来看，深海鱿鱼通常会猛烈反击。

大白鲨 被认为是大海的恐怖分子，鱼雷形状的身体可长达6米，身上满是肌肉，在水中游泳的速度最高可达每小时40千米。它利用电磁感应与绝佳的嗅觉来定位猎物，嗅觉敏感到可以在100万滴水中感知到一滴血。它攻击时速度极快，还有惊人的咬合力加上锯齿状的尖牙，非常凶猛。

白真鲨 这种动物的咬合力道比大白鲨还大，不过还是比不上北极熊或老虎。

湾鳄 这种动物的咬合力为所有动物之最。

你知道吗？

英文里，一群犀牛的量词用“crash”，这个单词有冲撞的意思。

然而，杀伤力和凶猛程度能画上等号吗？例如，没有证据表示大白鲨会为了好玩或娱乐而杀戮——不过海豚和家猫似乎有这样的习性。非洲的黑犀牛和白犀牛脾气都是出了名的差——虽然体型较小的黑犀牛比较可能主动攻击，一般也比较危险。犀牛冲锋的时候时速可达每小时60千米，它们的体重可以达到2.5吨。

冠军是……

若要说是纯粹硬碰硬的那种凶猛，那么冠军则是鼬鼠家族中的蜜獾。这种毛茸茸的动物战斗力十足，几乎跟谁都可以打架。它们会吃豪猪，咬毒蛇，拆蜂窝吃蜂蜜，对毒牙毒刺毫不在意。它们会宰杀猎豹幼兽，也会夺取狮群的猎物。蜜獾的皮很硬却也很松，无论攻击者试图从它的哪个地方攻击，它都可以转身撕咬对方。

能力接近的角逐者

- 北极熊
- 豹形海豹
- 条纹芋螺
- 虾蛄
- 黑曼巴蛇
- 金环胡蜂
- 人

濒危物种

许多科学家相信，我们正在经历大规模的灭绝——这是地球第六次发生这种会影响到所有生命的事件。我们并不太清楚前面五次大灭绝事件的原因，不过这次大灭绝事件的导因是很明显的，就是人类。我们正在改变这个世界，也因此让许多同伴从这个世界上逐渐消失。

35亿年来，灭绝现象一直都存在于这个世界上。曾经在地球生活的物种据估计有50亿种，其中有99%已经消失了。推动进化的自然选择过程，让损失成为无可避免的事。那么，既然我们也是大自然的一部分，我们又为什么得担心周围物种会因为我们而减少呢?

1 目前，物种灭绝的速度大大超过了物种形成的速度，造成生物多样性下降。生物多样性下降导致自然系统的制约与平衡降低，让整个系统变得更笨重也更不稳定。

2 对于我们自身利益而言，有些逝去的物种可能对我们是有用的，例如药物来源，只是我们对于其用途还不太清楚，它们也有可能是改变农业或生物技术的变种。

3 一个物种灭绝的时候，通常也会带着其他物种一起消失。

4 也许最有力的原因是，人类是唯一能够理解物种灭绝的动物，我们也是唯一一个能够拯救目前濒临灭绝物种的世代。我们眼睁睁地看着这些灭绝发生，而其中大部分情况是完全可以避免的。

离家并不远

我们早已习惯了稀有或特殊物种正濒临灭绝或已经灭绝的观念。对大多数人来说，老虎、红毛猩猩与黑犀牛一直都在濒危边缘，而渡渡鸟、大海雀与袋狼本来就已经灭绝了。然而，如果这份灭绝名单里有我们非常熟悉的生物呢?

棘手的情况

英国人至少在20世纪90年代中期就发现刺猬的数量每年以5%的速度逐渐减少，于是当时就开始监控它们的数量。就族群数量来说，这样快速递减的情形是具有毁灭性的。刺猬面临的最大问题，是栖息地破碎化。刺猬可以在包括郊区花园在内的许多不同环境中生存，相较于宽阔的乡间，它们其实更适合在郊区花园生活，不过它们需要能四处移动以便寻找足够的食物，也必须要能遇得到其他同类方便繁衍下一代。然而，刺猬没法攀爬跳跃，也不是很会挖洞——于是花园篱笆成了无法逾越的障碍。你的花园可以是刺猬的天堂，如果你避免使用杀虫剂，甚而再保留一些空间让它们搜索粮秣，不过假使它们无法进出你的花园，就不是什么好状况了。其实，你只需要在每一面篱笆上都留下一个13厘米见方的开口（大小跟光盘盒差不多）就大功告成了。为什么不今天就动手呢？你可以在网站 www.hedgehogstreet.org 找到更详尽的资讯。

披着羽毛的朋友

现存1万种左右的鸟类，都是兽脚亚目恐龙的后代。它们的前肢演化成翅膀，身上有羽毛，产卵繁衍后代，而且和哺乳动物一样，都是温血动物，有着精力充沛的生活方式。除此以外，鸟类似乎还有无限的多样性。

现存体型最大的鸟类是鸵鸟，它是一种无法飞行的平胸类鸟。体型最小的鸟类是吸蜜蜂鸟，体重只有1.6克。一只鸵鸟的体重至多可以是吸蜜蜂鸟的71500倍。

速度最快的鸟（事实上也是地球上速度最快的动物）是游隼。它可以在空中猎捕其他鸟类，在天空上方徘徊飞行，选择目标，然后以最高330千米/小时的速度垂直俯冲向下。这是非常快且危险的速度——冲击力可以折断猎物的背部或颈部。

鹦鹉和乌鸦非常聪明，它们解决问题时所表现出的智商足以和猿类媲美。许多其他鸟类也渐渐演化出使用工具的能力，并能将知识一代代传递下去——这也就是所谓的文化学习。

有些鸟类非常长寿——鹦鹉、信天翁、火烈鸟、兀鹰等都可能活到80岁，有些圈养动物据称还是百岁鸟瑞。目前已知最长寿的野鸟名叫“智慧”，是一只于1951年出生于中途岛的黑背信天翁雌鸟，它到63岁高龄时还在产卵育雏。当然，世界上一定有比“智慧”更老的鸟类，不过要证实没有上标签的鸟儿到底几岁，并不是那么容易。

企鹅、海雀与鸭等在游泳与潜水方面有着不同程度的适应能力。它们的脚有蹼，而且位于身体后方，因此走路时摇摇摆摆。就企鹅来说，这种适应方法非常极端，它们的飞行能力也因此被牺牲了。

鸟类是从非鸟类恐龙连续进化而来的动物，因此我们很难确切界定出具有鸟类全貌的鸟到底是在什么时候出现的——这就像许多生物类别，其实是一种人为的区分方法。“第一只鸟”的荣誉称号，传统上是给了“印石板始祖鸟”（学名是Archaeopteryx lithographica）——一种生活在1.5亿年前侏罗纪晚期的原始鸟类。始祖鸟有鸟喙、羽毛和翅膀，不过我们并不知道始祖鸟的翅膀到底是用来滑行的，还是具有完全的动力飞行能力。

飞行

并不是所有鸟类都会飞，不过能够飞行的鸟类，翅膀横切面的形状看起来就像是机翼——一端稍微隆起，另一端逐渐尖细，这样的轮廓使空气从上方通过的速度比下方快。如此一来，就能让翅膀上方与下方形成压力差，因此产生浮力。

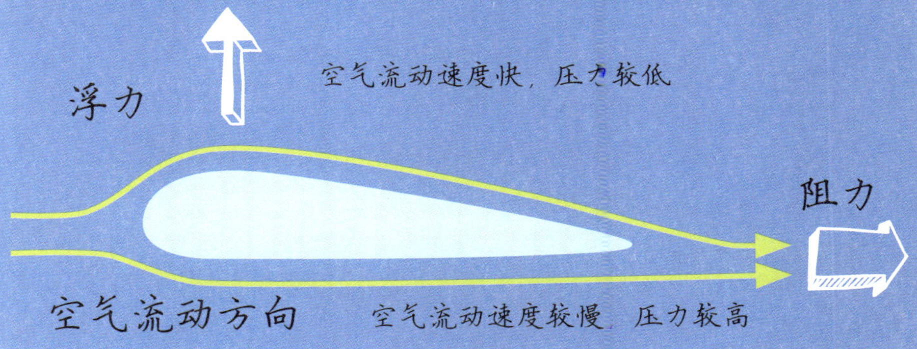

羽毛是鸟类身上最明显的特征。羽毛由角蛋白构成，角蛋白也是头发、角和爪的基本构成物质。每根羽毛都有羽茎、羽轴和羽枝，其中羽枝可以是硬挺且互相连接的，也可以是非常纤细脆弱的。有些羽毛看来状似柔软的毛皮或蓬乱的头发，有些则像雕塑一样轮廓分明。对鸟类来说，羽毛在隔热（可能是最初的功能）、防水、飞行与展示等方面都非常重要。

实验

DIY 野鸟喂食器

喂食野鸟并不难，而且能提高花园、庭院与窗台的自然价值。鸟儿可能需要一些时间才能发现新的饲喂站，不过只要你能坚持下去，一定能近距离观察到一些非常迷人的野生动物。

喂鸟器可能所费不赀，不过这其实没有必要。你可以用回收材料做出能够用作喂鸟器的器具，把买喂鸟器的钱省下来买饲料！

你会需要

- 一只容量一升的有盖宝特瓶
- 两支铅笔（或使用长度20厘米的竹签）
- 锋利的剪刀
- 挂线

1. 移除宝特瓶的标签，将宝特瓶洗干净后晾干。

2. 用剪刀在距离宝特瓶底部约2厘米处剪出两个位置相对的喂食口，开口直径应小于1厘米，不然饲料会漏出去。

3. 在每个开口下方约一厘米处各打一个洞，洞口大小只要能够把铅笔或竹签塞进去做成栖枝即可。在距离宝特瓶底部约10厘米处制作另一对喂食口和栖枝，上方栖枝应与下方栖枝呈直角。

4. 在宝特瓶里倒满滋养丸或种子（不要用花生——花生只能放在网状喂鸟器中让鸟类啄食，否则整颗花生可能会让鸟儿噎死），盖上瓶盖。

5. 用挂线做成牢固的环，好将喂食器挂上去。将喂食器挂在一根杆子上或晾衣绳上——最好挂在你看得到而且远离墙壁、工具棚或其他猫咪能够跳上去发动攻击的地方。请记住，这样的喂食器不能防止松鼠去偷食物。

鸟儿最棒的自助餐

你的目标应该是要提供尽可能多样化的饲料。

面包虫适合用来喂食知更鸟、黑鸫和鹪鹩。活面包虫比干燥面包虫更有营养，不过活面包虫比较贵，而且如果放太久可能会变成甲虫。

雀鸟、山雀与鸸喜欢混合种子饲料。你可以尝试不同的配方，看看你喂养的鸟儿喜欢什么样的搭配。理想而言，饲料应该包含当地产的混合种子与少许小麦，或是完全没有小麦。如果你不希望喂食器附近长出杂草，则寻找不会发芽的混合种子。

保持整洁

花园饲喂器的清洁非常重要——拥挤的喂食站可能会危害到鸟儿的健康。理想而言，你应该每隔2周就用肥皂水清洗饲喂器，等到完全晾干以后再重新装填饲料。欧金翅雀特别容易感染鸡滴虫，这对鸟儿来说是高传染性且能够致死的疾病。只要一看到病恹恹的鸟，马上将饲喂器撤走，待两周后重新设置，并在再度使用前彻底消毒（或重做新的饲喂器）。

含油量高的小种子如油菊或蓟，可以说是金翅雀的最爱，不过这类种子最好单独放置，而且喂食口要做得非常小。

滋养丸之类的饲料受到许多鸟类欢迎，可能会吸引很多鸟儿来到你的喂食站，尤其是山雀和啄木鸟，不过就这类饲料是否能帮助鸟儿成功繁衍的问题，则众说纷纭。如果你使用这类饲料，应将表面的网子拆掉，避免鸟儿的脚被网子缠住而造成死亡。

对山雀、啄木鸟与雀鸟来说，花生是非常棒的冬季资源。使用花生作为饲料时，应装在网状喂食器里，或是仔细在桌上把花生压碎，避免鸟儿噎死，此外，在四月到七月期间千万不要使用花生喂食，以避免鸟儿用花生来喂养幼雏。在冬季，切半的苹果也非常受欢迎。

狩猎昆虫

昆虫是地球上最多样化也最丰富的动物类别，有些估计认为，目前已经描述命名的百万种昆虫，只占了总种数的十分之一。所以说，要在家附近找到几只昆虫并不难。让我们一起去抓虫吧！

近距离观察

抓小虫最简单的方法，是使用一种叫作吸虫管的便宜器具。吸虫管由一个收集容器和两支管子构成——其中一支管子有纱布或网子，你可以将这支管子放入嘴巴里，另一支管子在你快速吸气时，可以把昆虫吸进去。使用的时候，务必确认把正确的管子放进嘴里！接下来，你就可以在手持放大镜和野外指南的辅助下近距离观察，辨识出你抓到的虫是什么种类。

摇树采样

在树木或灌木下方铺上一块浅色的布，用力摇晃树枝约10秒钟。抓起布的角落，把落在布上的东西集中到中间（不然一半以上的虫会在你有机会看到之前就跑掉）。即使无法完全辨识出所有昆虫，也还是把眼前所见记录下来，接下来试着在另一棵不同的树下进行采样，看看昆虫群落有何不同。

陷阱法

挖一个洞，在洞里放入一个花盆或底部打了排水孔的大酸奶罐，让花盆或罐子顶部与地面齐平。用土将花盆或罐子周围填满，丝毫不留空隙，然后用金属网将花盆盖住，再用帐篷钉或类似的东西固定好。网孔大小应在1厘米左右，以避免小型哺乳类动物如鼩鼱滚进去——若掉入陷阱中，它们在几小时之内就会死亡。在陷阱上方5厘米处搭好防雨罩，你可以将瓦片架在石头上充当防雨罩，或是用帐篷钉固定一块正方形软塑胶板。早晚检查陷阱，看看谁失足掉进去了。

捕蛾器

选一个温暖、寂静且无雨的夜晚。在黄昏时把一张白色床单挂在晒衣绳或树上，等天黑以后，用强光手电或单车灯等，将强光打在床单上。接下来，坐在旁边守夜——飞虫会受到吸引而来。请记住，床单的两面都要检查。

如果你想要把蛾抓下来，可以使用花园里的大塑胶桶。用一块白色塑胶布做成盖子（将质地较厚的大塑胶袋摊开即可），在中央剪出直径5厘米的圆形开口。在塑胶桶底部放上单车灯或一束松散的户外用LED装饰灯串（不要绕起来卷好，因为这种灯会发热），然后放上几个装蛋盒，让落入陷阱的蛾可以有地方躲藏。在黄昏时把灯打开，用胶带将塑胶布固定好，静置几小时。

变态

对我们大多数人来说，长大都是件挺复杂的事——不过至少人类长大以后不会多或少几条腿，脑子也还在同样的地方。然而，对相当多动物来说却不是这么一回事，它们会逐渐经历惊人的改变，这样的改变可以是一步步慢慢形成的，也可以是一次性的大幅度改造。

是该改变的时候了

发育过程中会牵涉到变态的动物包括水母与珊瑚、软体动物、有翅昆虫、甲壳动物、棘皮动物（海胆和海星）、鱼类如七鳃鳗与鳗鱼，以及两栖类。

许多海洋无脊椎动物的浮游幼虫，和成体形态的差异可能非常大；不同类型的幼虫也会有不同的形态特征与名称，例如长腕幼虫（海胆类幼体）、无节幼虫（甲壳类幼虫的一种形式）、介虫、蚤状幼体（蟹类幼虫）、涡虫等等。

只是随处翻翻挖挖

有翅昆虫的幼虫有许多不同的名称，如蛴螬、蛆、蠋（毛虫）、蛆蚴、若虫等，这些指的都是不同的东西。蛴螬、蛆和蠋都是幼虫，不过是不同类型昆虫的幼虫，分别是甲虫、蝇和鳞翅类昆虫（蝴蝶和蛾）的幼虫。具有幼虫阶段的昆虫会经过一次戏剧性的完全变态，在进行完全变态的时候，它们通常是躲在固定不动的茧或蛹里面。这个时期通常被称为“静止期”，然而事实上是变动相当大的时期。在宁静的外表下，整个身体会先被分解，再从一团汤状的混沌里重新建构出来。

其他昆虫如蚱蜢与蜻蜓，则会经过一系列不完全变态，在每次蜕皮的时候逐渐改变。我们将这种情况称为“若虫”而非幼虫，每个中间形态或龄虫蜕变之后，都会比前一阶段更大一点，更复杂一点，看起来也更像成虫。经过变态的昆虫在完全长大以后，就称为成虫。

你知道吗？

鱼类和两栖类的变态会受到甲状腺素与催乳素这两种荷尔蒙的控制。这两种荷尔蒙也会控制其他脊椎动物（包括人类）的胚胎发育，不过就爬虫类、鸟类与哺乳动物来说，大部分转变都发生在卵或子宫里。

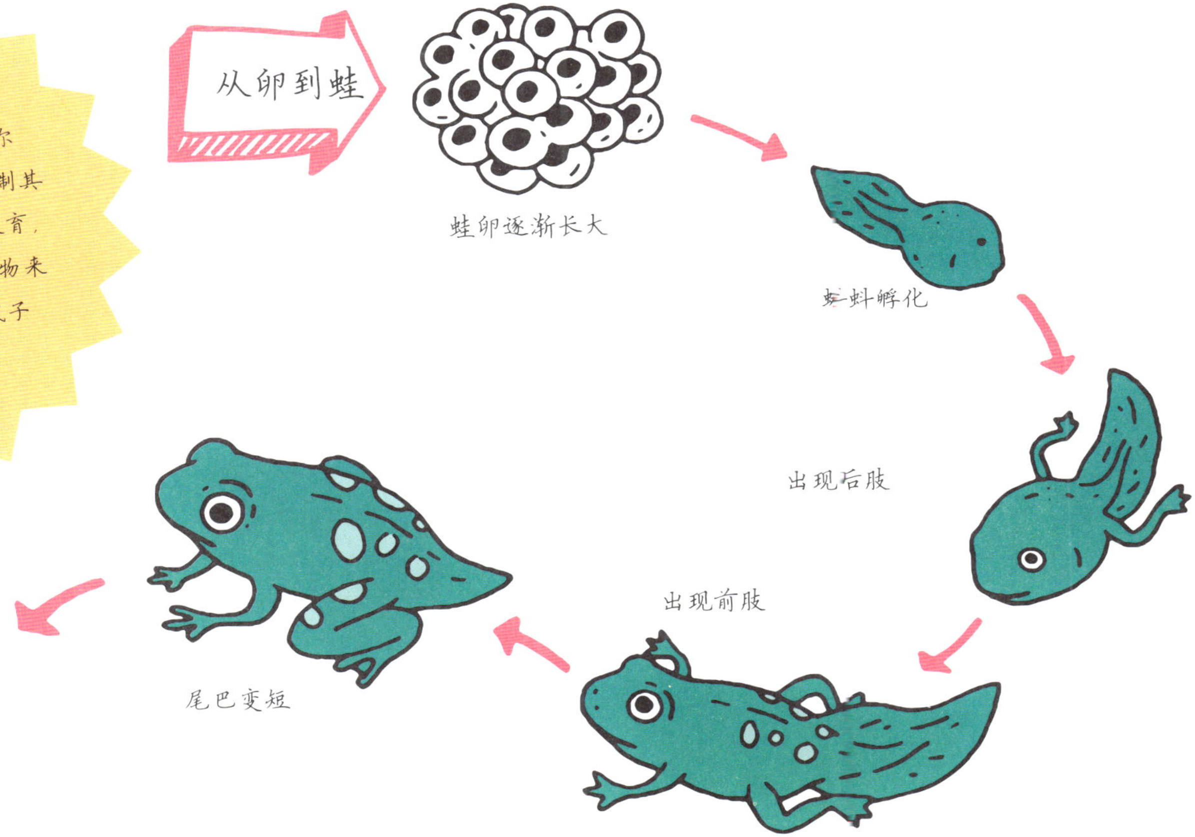

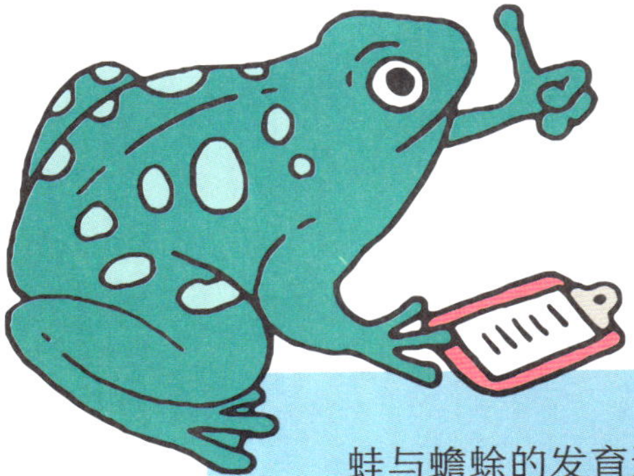

蛙与蟾蜍的发育过程中，有一个名为蝌蚪的未成熟阶段。蝌蚪外观看来像鱼，没有四肢，有外鳃。从蝌蚪过渡到呼吸空气、有四肢的成体的过程，也包括一些外观看来并不明显的变化，这些变化牵涉到从吃素的食草动物变成主动猎食者的转变，如快速发育形成的大眼睛与立体视觉、肌肉发达的舌头与急剧改变的消化系统。

适应力惊人的爬虫类

让一个人想想一只爬虫类动物，一般人可能会想到一条蛇、一只蜥蜴、一条鳄鱼或一只恐龙——也有可能想到鳖或乌龟。表面上看来，这似乎是一个相当明确的群体，不过如果你问问动物学家，那么爬虫类的定义可能就会变得有点复杂……

严格说来，现代鸟类与哺乳动物的祖先也是爬虫类，这让传统的分类方法显得有点尴尬。事实上，过去曾有一段时间，爬虫类的分类和两栖类与鸟类是放在一起的，不过从实际的角度来看，将这些身上有鳞的冷血动物如此分类，确实也是有道理的。

大多数蛇类都会产卵，不过有些蛇是胎生，会产下活生生的小蛇。和两栖类不一样的是，爬虫类的胚胎会在一种名为羊膜的水囊里发育，因此不需要在水中或潮湿的地方繁衍。所有的爬虫类在分类上都是四足动物——有四只脚。你会问，那蛇和蛇蜥又是怎么回事呢?有些没有脚的爬虫类如蟒蛇和红尾蚺，身上仍然有四肢残留的骨骼证据，至于其他蛇类，所有能够证明它们曾经有脚的残遗痕迹都已经消失了。

爬虫类“名人录”

现存的爬虫类主要可以分成四个主要群体。

有鳞目是最大的群体，包括9000种蛇与蜥蜴。它们的主要特征是颅骨与颌骨的柔性结构，让它们可以把嘴巴张得非常开——大蛇很轻易就能吞下体型比自己大很多的猎物。大约60%的有鳞目动物能制造毒液，其中包括目前已知自然界中最致命的毒素。每年因为被蛇咬而丧生的人数，大约有125000人。

爬虫类分类群

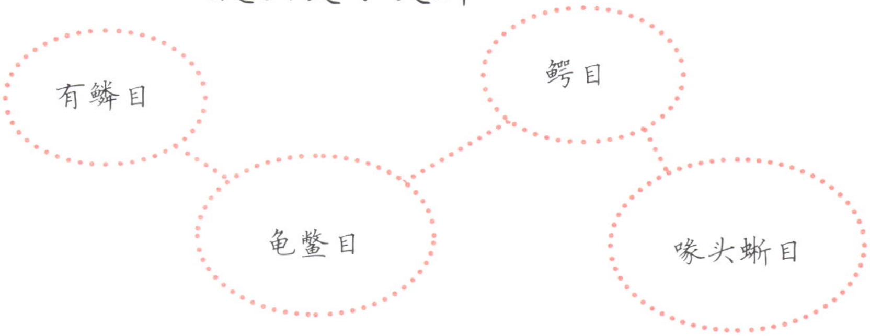

龟鳖目包括300种不同的鳖、龟与淡水龟。它们的共同特征是身上的硬甲——由脊椎与肋骨延伸形成。背部的硬甲称为背甲；保护下侧的则是腹甲。这个分类群包括陆生、海生与在淡水生活的成员，四肢末端因为生活环境而有爪状肢或鳍状肢的差别。

鳄目动物或鳄鱼的成员数并不多（25种），不过相对而言体型都比较大。它们是半水生动物，全都具有掠食性。有几种鳄鱼偶尔会攻击人类，不过并不一定是为了捕食——大部分意外发生在压力水平本来就比较高的繁殖季。大多数攻击事件（每年约300起）发生在非洲，攻击者为尼罗鳄。

喙头蜥目只有两种动物——喙头蜥或新西兰鳄蜥。这些长寿的爬虫类外观状似小型恐龙，有着缓慢且低能耗的生活方式，已经存续了2亿年的时间，不过因为外来的大老鼠会吃喙头蜥的蛋，这些动物也因此处于高度濒危的灭绝边缘。

认识鱼类

描述物种数超过32000种，而且还有更多深海类型的鱼类等待着被发现，鱼类是地球上迄今最多样化的脊椎动物群体，也是水域中无可争议的大师。

鱼类非常容易因为过度捕捞而受到伤害。鳕鱼一度被认为是纽芬兰的丰富资源，过度捕捞的情形似乎不可能出现。然而，随着捕鱼方式越来越有效率，规模也愈加庞大，加拿大政府在*1992*年被迫禁止在加拿大海域捕捞鳕鱼，而这项禁令在*23*年以后仍然有效。

深海炉眼鱼有时又被称为“有脚的鱼”，不过它并不是真的有脚，而是能用特化成长刺状的臀鳍和尾鳍站立。它会用这个姿势站在海底等待猎物的到来。

在许多野生动物爱好者的眼中，鲨鱼已经是相当酷的动物了。你要如何让它们变得更酷呢？发现新种，发现体型超大的个体……或是让它们超大的嘴巴能在黑暗中发光或其他什么的？这听起来像是科学幻想，不过*1976*年发现的巨口鲨，却是真实存在的。

鲸鲨是体型最大的鱼类——体型最大的标本体长超过*12*米，体重超过*20*吨。它就像许多大型海洋动物，是滤食者，主要以浮游生物和小鱼群为食。

皇带鱼是世界上最长的硬骨鱼，体长可达11米，大海蛇的传说可能就是源自这种鱼。它有大大的眼睛、银色的身体和红色的冠，外表看来戏剧性十足，不过一般很少能看到活的。

海洋鱼类竞速比赛有三个参赛者——旗鱼、剑鱼和条纹四鳍旗鱼。这些鱼都是所谓的长嘴鱼或长枪鱼，是身形呈鱼雷状的掠食者，全身都是肌肉。这三种鱼的时速都可以超过每小时100千米。

知名动物学家尼可·丁伯根发现，外形不起眼的三刺鱼其实有着非常复杂的求偶与繁殖习性。雄三刺鱼会筑巢并表演仪式性舞蹈，借此吸引雌鱼产卵，然后还会悉心照顾鱼卵和鱼苗。处于繁殖期的雄鱼呈红色，而且对颜色有强烈反应——丁伯根将雄三刺鱼养在窗边的鱼缸里，每天红色邮车经过的时候，鱼儿都会显得非常狂暴。

鱼类的中央供热系统

每个人都知道鱼类是冷血动物，只有少数例外。好几种鲨鱼、鲔鱼与长嘴鱼都可以利用肌肉生热来让身体的某些部位变暖，尤其是脑部和眼睛。至少有一种鱼类，也就是月鱼，会使用鱼鳃的换热系统来保暖，让身体温度提高到比环境温度高出5℃以上的程度。

鮟鱇鱼的雄鱼和雌鱼外观差异非常大，所以原本被分成不同的物种。雄鱼体型很小，等到它在黑暗深海中找到雌鱼以后，就会用嘴巴紧紧固定在雌鱼身上，雄鱼和雌鱼的肉体和供血也会融合在一起——雄鱼成了完完全全的寄生虫，在雌鱼产卵的时候随时随地都能够让鱼卵受精。

微生物

早在2000多年前，印度、古罗马与穆斯林世界的早期科学思想家，就已经提出世界上有肉眼看不到的微小生命形式的想法。然而要证明这样的事情所需要的光学科技，一直到17世纪才出现。

镜头下的世界

微生物学始于荷兰人安东尼·列文虎克，他在17世纪50年代原本是位布商。列文虎克需要用放大镜来观察布料的线以判断品质，由于不满足于当时放大镜的质量，他开始自己磨镜片，并在1676年发明了一种使用小玻璃球的新方法。这些小玻璃球能提供更大的放大倍率，不过很难使用，因此他制作了一个小型装置，能将镜片和样品安装上去，并调整到最适合观察的位置。这是世界上微生物非常小，人类肉眼无法看到。

早期的显微镜最佳可以达到500倍的放大倍率。

从生物量的角度来看，微生物远远超过肉眼可见的大型生物。

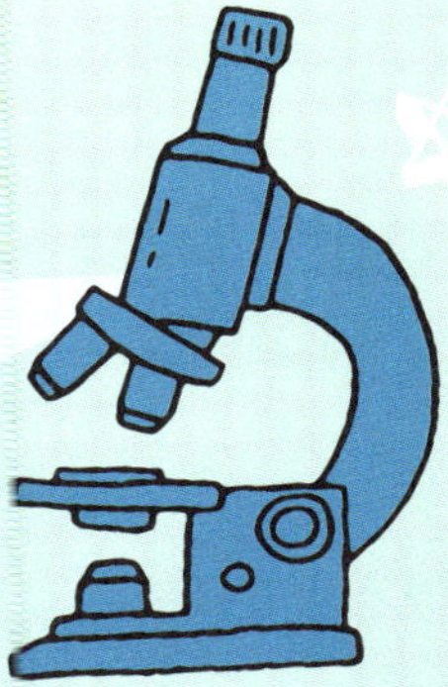

第一台显微镜，列文虎克也因此进入了一个全新的世界。

清晰的视野

在短短几年内，他成了第一个看到单细胞生物如原生生物与细菌的人（他将它们称为“animalcules”，有微小生物的意思），也是描述出精子外观、各种小型动物如昆虫的解剖构造，以及肌肉等组织的细微构造的第一人。因为显微镜而出现的进一步发展，包括罗伯特·胡克对细胞结构的发现与描述，以及路易·巴斯德与罗伯·柯霍因为发现特定微生物与疾病之间的关系而提出的胚种学说。

现在你看到了……

微生物被分成好几个主要的群，包括病毒、细菌、原生动物、藻类、微型动物与古细菌。古细菌是地球上几乎无所不在的单细胞生物，它们甚至可以在极端环境如沸腾的热泉里生活。我们通常可以在一滴池塘水里看到许许多多的微生物类型。

词汇表

抗氧化剂（Antioxidant）：一种能限制氧化的化学物质。氧化是一种会制造具有挥发性与潜在破坏性分子（自由基）的化学反应。

地下蓄水层（Aquifer）：天然的地下水库，能将水储存在可渗透的岩石、沙或砾石中。

群岛（Archipelago）：由许多岛屿构成。

生物多样性（Biodiversity）：许许多多不同的生命形式（通常指物种、亚种与遗传变异的层面）。

碳足迹（Carbon footprint）：由一个人、团体或活动产生的温室气体（二氧化碳）排放总量估计值。

细胞（Cell）：生物体的基本功能单元。

气候（气候学）（Climate）：天气的长期模式（与研究）。

群落（生物学）（Community）：一群共享栖息地，且有互动的物种。

甲壳类（Crustacean）：甲壳纲的成员，包括蟹、虾、龙虾、藤壶、桡足类与虱类。

落叶树（Deciduous）：每到冬天树叶就会掉落的树木。

双子叶植物（Dicotyledons）：开花植物，其幼苗从两个子叶发展而来。

电磁辐射（Electromgnetic radiation）：从太阳等来源发射出的能量，同时具有波和粒子的性质，例如γ射线、X射线、紫外线、可见光、红外线、微波与无线电波。

流行病（Epidemic）：在族群中迅速传染的疾病。

侵蚀（Erosion）：土壤或岩石因为水、风、冰，或是挖掘与踩踏所造成的干扰而流失。

蒸发（Evaporation）：从液体到气体的转变。

化石（Fossil）：很久以前就已经死亡的生物遗骸被埋藏在地底保存而变得跟石头一样的东西。

基因（Gene）：遗传单位，指染色体上的一段脱氧核糖核酸。

基因瓶颈（Genetic bottleneck）：族群数突然急剧减少，导致后代遗传变异变小的情形。

地质学（Geology）：岩石研究。

发芽（Germination）：一株新植物从种子开始生长的过程。

半球（Hemisphere）：地球的半球，通常从赤道分成南北两半球。

可遗传（就遗传学而言）（Heritable）：能够从一个世代传递到另一个世代。

荷尔蒙（Hormone）：在单一生物体中用来发出信号的生物分子。

无脊椎动物（Invertebrate）：没有脊椎骨的动物。

熔岩（Lava）：在熔融状态下喷射到地球表面的岩石。

对数标度（Logarithmic scale）：非线性标度，其中每个增量都代表一个数量级。

岩浆（Magma）：地表下的熔融岩石。

陨石（Meteorite）：掉落到地球上的宇宙碎片。

气象学（Meterology）：天气研究。

分子（Molecule）： 化合物或元素的最小单元，由两个或多个原子构成。

软体动物（Mollusc）： 软体动物门的成员，包括蜗牛、蛤、蛞蝓和章鱼。

单子叶植物（Monocotyledons）： 开花植物，其幼苗从一个子叶发展而来，包括禾本科植物、百合与棕榈等。

雪的（Nival）： 与雪有关。

有机（化学）（Organic）： 含有碳分子。

生物（Organism）： 有生命的东西。

寄生虫（Parasite）： 以消耗另一种生物为代价才能生存的生物——通常生存在寄主身上或体内。

杀虫剂（Pesticide）： 用来杀死不受欢迎的动物的毒药/药剂。

色素（Pigment）： 能赋予动植物颜色的天然化合物。

浮游生物（Plankton）： 水生微生物的群落。

多毛纲（Polychaete）： 环节动物门三个主要群体的一个，包括沙蚕与管虫。其他环节动物包括蚯蚓与水蛭等。

义肢（Prosthetic）： 替代身体部位的人造肢体。

蛋白质（Protein）： 含氮的有机化合物，由氨基酸链构成，所有生物都能够制造，是形成生物结构的主要部分。

原生生物（Protist）： 用来指称许多不同种微生物的总称，以单细胞生物为主，这些微生物目前已经被划分到许多不同的生物分类之下，包括变形虫、甲藻、有孔虫与红藻等。

折射（Refraction）： 光线通过不同密度的介质如空气和水的时候所产生光线弯曲的情形。

地震（Seismic）： 地壳震动的情形。

太阳的（Solar）： 与太阳有关。

雄蕊（Stamen）： 花用来繁衍下一代的雄性器官（可以制造花粉）。

柱头（Stigma）： 花朵中接受花粉的部位。

升华（Sublimation）： 不经液态，从固体到气体的转变。

鞣酸（Tannin）： 具有苦味的化合物（多酚），通常由植物产生以阻止食草动物将植物吃下肚。

陆生（Terrestrial）： 在地面生活。

兽脚亚目（Theropoda）： 一群外观差异极大的恐龙，其中包括鸟类的直系祖先。

地形学（Topography）： 地表的形状，例如植物与陆块（及相关研究）。

海啸（Tsunami）： 因为地震波、火山爆发或其他大规模扰动造成的波浪或大浪，通常发生在海洋中。

有毒动物（Venomous）： 能够制造并注射毒素的动物，通常以螫或咬的方式。

（电磁辐射）波长（Wavelength）： 电磁波中连续峰值之间的距离。在可见光谱中，红光的波长比紫光更长。γ射线与X射线的波长很短，无线电波与微波的波长很长。

走到万物的光里来，让大自然成为你的老师。

——威廉·华兹华斯

谢谢你，威廉，我们会这么做的。顺便提一下，你知道……袋熊的大便是立方体的吗？

作者 | [英] 艾米 • 简 • 比尔 Amy-Jane Beer

生物学家、科普作家，热爱大自然与小动物
目前已创作、编著了几十本关于自然史的书籍，并为《BBC 野生动物杂志》和《约克郡邮报》供稿
代表作品：《靠近动物》《世界鱼类和海洋生物百科全书》《动植物解剖学百科全书》

绘者 | [英] 达米恩 • 维西尔 Damien Weighill

阿迪达斯，福特和《卫报》的插画师

译者 | 林洁盈

台湾大学动物学学士，英国伦敦大学学院博物馆学硕士
自由职业者，从事翻译与博物馆规划等工作
代表译作：《发现之旅》《我的第一本美国国家地理动物百科》

多的是你不知道的科学知识

嘭！大自然超有趣

产品经理 | 张　鑫　　特约印制 | 路军飞
装帧设计 | 陈　章　　技术编辑 | 顾逸飞
产品统筹 | 何　娜　　策 划 人 | 吴　畏

图书在版编目（CIP）数据

嘭！大自然超有趣 /（英）艾米·简·比尔著；（英）达米恩·维西尔绘；林洁盈译. -- 昆明：云南美术出版社，2018.10

ISBN 978-7-5489-3344-1

Ⅰ. ①嘭… Ⅱ. ①艾… ②达… ③林… Ⅲ. ①自然科学—普及读物 Ⅳ. ①N49

中国版本图书馆CIP数据核字（2018）第215312号

著作权合同登记号 图字23-2018-008号

First published in the United Kingdom in 2016 by Portico,
an imprint of Pavilion Books Company Limited, 43 Great Ormond Street, London,
WC1N 3HZ

责任编辑：梁 媛 于重榕
装帧设计：陈 章
责任校对：杨 盛

嘭！大自然超有趣
［英］艾米·简·比尔 著；［英］达米恩·维西尔 绘；林洁盈 译

出版发行：云南出版集团
云南美术出版社（昆明市环城西路609号）
制版印刷：北京尚唐印刷包装有限公司
开　　本：787mm×1092mm 1/16
字　　数：200千字
印　　张：7.25
印　　数：1-7,000
版　　次：2018年12月第1版
印　　次：2018年12月第1次印刷
书　　号：ISBN 978-7-5489-3344-1
定　　价：46.00元